사물인터넷, 빅데이터 등 스마트 시대 대비!

정보처리능력 향상을 위한 −

최고효과
기초
탄탄 **계산법**

5권 | 자연수의 곱셈과 나눗셈 ①

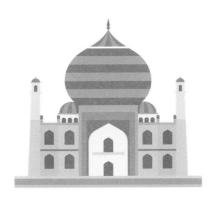

기초부터 탄탄하게
G 기탄출판

계산력은 수학적 사고력을 기르기 위한 기초 과정이며,
스마트 시대에 정보처리능력을 기르기 위한 필수 요소입니다.

사칙 계산(+, −, ×, ÷)을 나타내는 기호와 여러 가지 수(자연수, 분수, 소수 등) 사이의 관계를 이해하여 빠르고 정확하게 답을 찾아내는 과정을 통해 아이들은 수학적 개념이 발달하기 시작하고 수학에 흥미를 느끼게 됩니다.

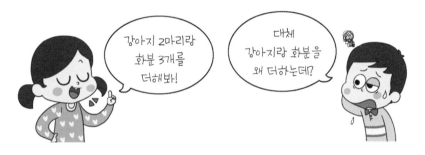

위에서 보여준 것과 같이 단순한 더하기라 할지라도 아무거나 더하는 것이 아니라 더하는 의미가 있는 것은, 동질성을 가진 것끼리, 단위가 같은 것끼리여야 하는 등의 논리적이고 합리적인 상황이 기본이 됩니다.

사칙 계산이 처음엔 자연수끼리의 계산으로 시작하기 때문에 큰 어려움이 없지만 수의 개념이 확장되어 분수, 소수까지 다루게 되면, 더하기를 하기 위해 표현 방법을 모두 분수로, 또는 모두 소수로 바꾸는 등, 자기도 모르게 수학적 사고의 과정을 밟아가며 계산을 하게 됩니다.

이런 단계의 계산들은 하위 단계인 자연수의 사칙 계산이 기초가 되지 않고서는 쉽지 않습니다.

계산력을 기르는 것이 이렇게 중요한데도 계산력을 기르는 방법에는 지름길이 없습니다.

❶ 매일 꾸준히
❷ 표준완성시간 내에
❸ 정확하게 푸는 것

을 연습하는 것만이 정답입니다.

집을 짓거나, 그림을 그리거나, 운동경기를 하거나, 그 밖의 어떤 일을 하더라도 좋은 결과를 위해서는 기초를 닦는 것이 중요합니다.

앞에서도 말했듯이 수학적 사고력에 있어서 가장 기초가 되는 것은 계산력입니다. 또한 계산력은 사물인터넷과 빅데이터가 활용되는 스마트 시대에 가장 필요한, 정보처리능력을 향상시킬 수 있는 기본 요소입니다. 매일 꾸준히, 표준완성시간 내에, 정확하게 푸는 것을 연습하여 기초가 탄탄한 미래의 소중한 주인공들로 성장하기를 바랍니다.

이 책의 특징과 구성

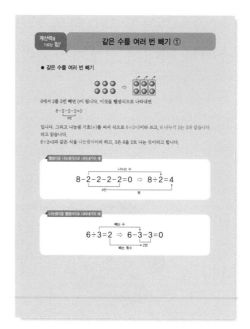

❖ 학습관리 | – 결과 기록지

매일 학습하는 데 걸린 시간을 표시하고 표준완성시간 내에 학습 완료를 하였는지, 틀린 문항 수는 몇 개인지, 또 아이의 기록에 어떤 변화가 있는지 확인할 수 있습니다.

❖ 계산 원리 | 짚어보기 | – 계산력을 기르는 힘

계산력도 원리를 익히고 연습하면 더 정확하고 빠르게 풀 수 있습니다. 제시된 원리를 이해하고 계산 방법을 익히면, 본 교재 학습을 쉽게 할 수 있는 힘이 됩니다.

❖ 본 학습

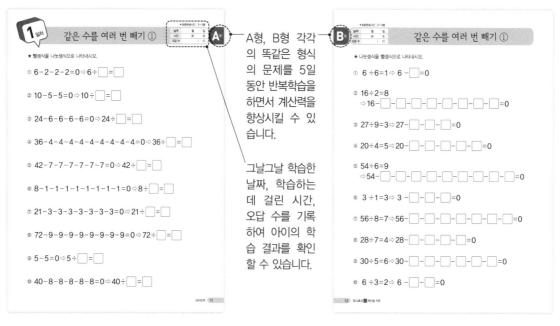

A형, B형 각각의 똑같은 형식의 문제를 5일 동안 반복학습을 하면서 계산력을 향상시킬 수 있습니다.

그날그날 학습한 날짜, 학습하는 데 걸린 시간, 오답 수를 기록하여 아이의 학습 결과를 확인할 수 있습니다.

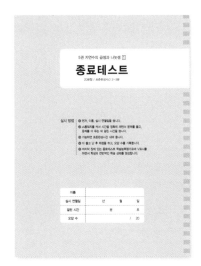
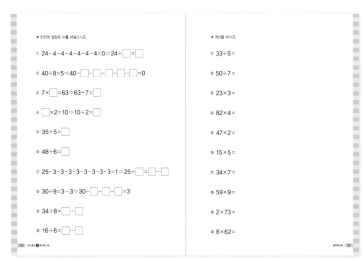

종료테스트

각 권이 끝날 때마다 종료테스트를 통해 학습한 것을 다시 한번 확인할 수 있습니다.
종료테스트의 정답을 확인하고 '학습능력평가표'를 작성합니다. 나온 평가의 결과대로 다음 교재로 바로 넘어갈지, 좀 더 복습이 필요한지 판단하여 계속해서 학습을 진행할 수 있습니다.

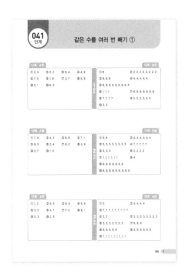
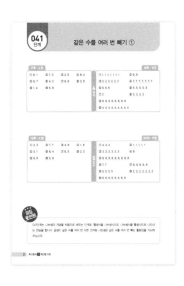

정답

단계별 정답 확인 후 지도포인트를 확인합니다. 이번 학습을 통해 어떤 부분의 문제해결력을 길렀는지, 또한 틀린 문제를 점검할 때 어떤 부분에 중점을 두고 확인해야 할지 알 수 있습니다.

최고효과 기초탄탄 계산법 전체 학습 내용

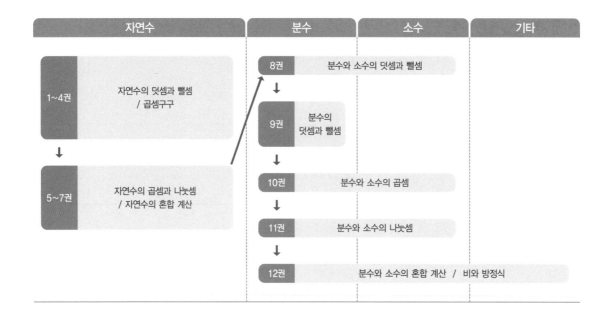

자연수	분수	소수	기타

1~4권 자연수의 덧셈과 뺄셈 / 곱셈구구

↓

5~7권 자연수의 곱셈과 나눗셈 / 자연수의 혼합 계산

8권 분수와 소수의 덧셈과 뺄셈

↓

9권 분수의 덧셈과 뺄셈

↓

10권 분수와 소수의 곱셈

↓

11권 분수와 소수의 나눗셈

↓

12권 분수와 소수의 혼합 계산 / 비와 방정식

최고효과 기초탄탄 계산법 권별 학습 내용

권장 학년 초1

1권 : 자연수의 덧셈과 뺄셈 ①	
001단계	9까지의 수 모으기와 가르기
002단계	합이 9까지인 덧셈
003단계	차가 9까지인 뺄셈
004단계	덧셈과 뺄셈의 관계 ①
005단계	세 수의 덧셈과 뺄셈 ①
006단계	(몇십)+(몇)
007단계	(몇십 몇)±(몇)
008단계	(몇십)±(몇십), (몇십 몇)±(몇십 몇)
009단계	10의 모으기와 가르기
010단계	10의 덧셈과 뺄셈

2권 : 자연수의 덧셈과 뺄셈 ②	
011단계	세 수의 덧셈, 뺄셈
012단계	받아올림이 있는 (몇)+(몇)
013단계	받아내림이 있는 (십 몇)−(몇)
014단계	받아올림·받아내림이 있는 덧셈, 뺄셈 종합
015단계	(두 자리 수)+(한 자리 수)
016단계	(몇십)−(몇)
017단계	(두 자리 수)−(한 자리 수)
018단계	(두 자리 수)±(한 자리 수) ①
019단계	(두 자리 수)±(한 자리 수) ②
020단계	세 수의 덧셈과 뺄셈 ②

권장 학년 초2

3권 : 자연수의 덧셈과 뺄셈 ③ / 곱셈구구	
021단계	(두 자리 수)+(두 자리 수) ①
022단계	(두 자리 수)+(두 자리 수) ②
023단계	(두 자리 수)−(두 자리 수)
024단계	(두 자리 수)±(두 자리 수)
025단계	덧셈과 뺄셈의 관계 ②
026단계	같은 수를 여러 번 더하기
027단계	2, 5, 3, 4의 단 곱셈구구
028단계	6, 7, 8, 9의 단 곱셈구구
029단계	곱셈구구 종합 ①
030단계	곱셈구구 종합 ②

4권 : 자연수의 덧셈과 뺄셈 ④	
031단계	(세 자리 수)+(세 자리 수) ①
032단계	(세 자리 수)+(세 자리 수) ②
033단계	(세 자리 수)−(세 자리 수) ①
034단계	(세 자리 수)−(세 자리 수) ②
035단계	(세 자리 수)±(세 자리 수)
036단계	세 자리 수의 덧셈, 뺄셈 종합
037단계	세 수의 덧셈과 뺄셈 ③
038단계	(네 자리 수)+(세 자리 수·네 자리 수)
039단계	(네 자리 수)−(세 자리 수·네 자리 수)
040단계	네 자리 수의 덧셈, 뺄셈 종합

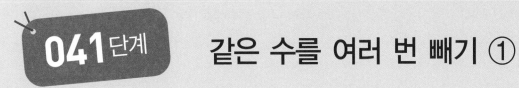

같은 수를 여러 번 빼기 ①

● 결과 기록지

① 1~5일차 학습에 걸린 시간을 각각 재서 그래프에 점을 찍습니다.

② 점과 점을 연결하여 기록의 변화를 확인합니다.

③ 오답 수를 세어 오답 수 칸에 씁니다.

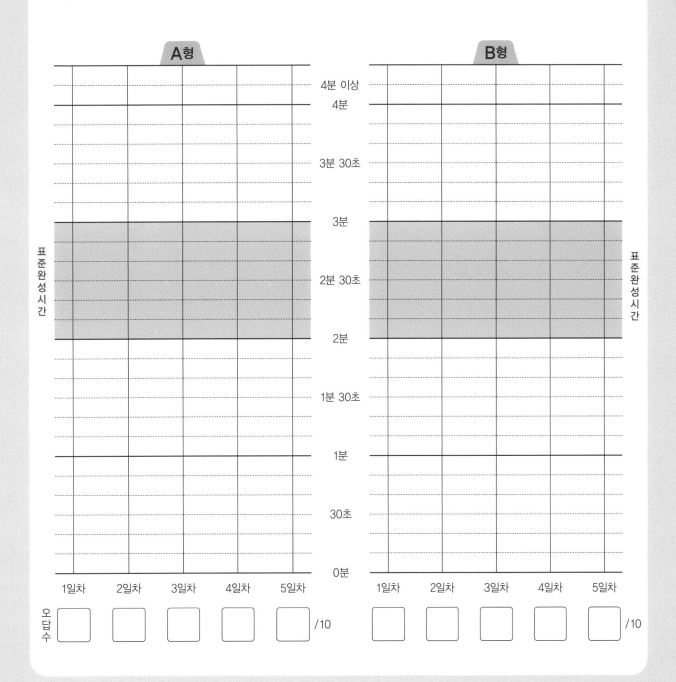

같은 수를 여러 번 빼기 ①

● 같은 수를 여러 번 빼기

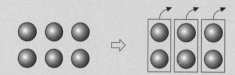

6에서 2를 3번 빼면 0이 됩니다. 이것을 뺄셈식으로 나타내면

$$6-2-2-2=0$$
3번

입니다. 그리고 나눗셈 기호(÷)를 써서 식으로 6÷2=3이라 쓰고, 6 나누기 2는 3과 같습니다 라고 읽습니다.

6÷2=3과 같은 식을 나눗셈식이라 하고, 3은 6을 2로 나눈 몫이라고 합니다.

뺄셈식을 나눗셈식으로 나타내기의 예

나누는 수

$$8-2-2-2-2=0 \ \Rightarrow \ 8÷2=4$$

4번

몫

나눗셈식을 뺄셈식으로 나타내기의 예

빼는 수

$$6÷3=2 \ \Rightarrow \ 6-3-3=0$$

2번

빼는 횟수

같은 수를 여러 번 빼기 ①

★ 뺄셈식을 나눗셈식으로 나타내시오.

① $6-2-2-2=0 \Rightarrow 6 \div \boxed{} = \boxed{}$

② $10-5-5=0 \Rightarrow 10 \div \boxed{} = \boxed{}$

③ $24-6-6-6-6=0 \Rightarrow 24 \div \boxed{} = \boxed{}$

④ $36-4-4-4-4-4-4-4-4-4=0 \Rightarrow 36 \div \boxed{} = \boxed{}$

⑤ $42-7-7-7-7-7-7=0 \Rightarrow 42 \div \boxed{} = \boxed{}$

⑥ $8-1-1-1-1-1-1-1-1=0 \Rightarrow 8 \div \boxed{} = \boxed{}$

⑦ $21-3-3-3-3-3-3-3=0 \Rightarrow 21 \div \boxed{} = \boxed{}$

⑧ $72-9-9-9-9-9-9-9-9=0 \Rightarrow 72 \div \boxed{} = \boxed{}$

⑨ $5-5=0 \Rightarrow 5 \div \boxed{} = \boxed{}$

⑩ $40-8-8-8-8-8=0 \Rightarrow 40 \div \boxed{} = \boxed{}$

★ 나눗셈식을 뺄셈식으로 나타내시오.

① $6 \div 6 = 1 \Rightarrow 6 - \boxed{} = 0$

② $16 \div 2 = 8$
$\Rightarrow 16 - \boxed{} - \boxed{} - \boxed{} - \boxed{} - \boxed{} - \boxed{} - \boxed{} - \boxed{} = 0$

③ $27 \div 9 = 3 \Rightarrow 27 - \boxed{} - \boxed{} - \boxed{} = 0$

④ $20 \div 4 = 5 \Rightarrow 20 - \boxed{} - \boxed{} - \boxed{} - \boxed{} - \boxed{} = 0$

⑤ $54 \div 6 = 9$
$\Rightarrow 54 - \boxed{} - \boxed{} - \boxed{} - \boxed{} - \boxed{} - \boxed{} - \boxed{} - \boxed{} - \boxed{} = 0$

⑥ $3 \div 1 = 3 \Rightarrow 3 - \boxed{} - \boxed{} - \boxed{} = 0$

⑦ $56 \div 8 = 7 \Rightarrow 56 - \boxed{} - \boxed{} - \boxed{} - \boxed{} - \boxed{} - \boxed{} - \boxed{} = 0$

⑧ $28 \div 7 = 4 \Rightarrow 28 - \boxed{} - \boxed{} - \boxed{} - \boxed{} = 0$

⑨ $30 \div 5 = 6 \Rightarrow 30 - \boxed{} - \boxed{} - \boxed{} - \boxed{} - \boxed{} - \boxed{} = 0$

⑩ $6 \div 3 = 2 \Rightarrow 6 - \boxed{} - \boxed{} = 0$

● 표준완성시간 : 2~3분

날짜	월	일
시간	분	초
오답 수		/ 10

A형

★ 뺄셈식을 나눗셈식으로 나타내시오.

① $56-7-7-7-7-7-7-7-7=0 \Rightarrow 56 \div \boxed{} = \boxed{}$

② $12-4-4-4=0 \Rightarrow 12 \div \boxed{} = \boxed{}$

③ $36-6-6-6-6-6-6=0 \Rightarrow 36 \div \boxed{} = \boxed{}$

④ $7-7=0 \Rightarrow 7 \div \boxed{} = \boxed{}$

⑤ $45-9-9-9-9-9=0 \Rightarrow 45 \div \boxed{} = \boxed{}$

⑥ $20-5-5-5-5=0 \Rightarrow 20 \div \boxed{} = \boxed{}$

⑦ $16-8-8=0 \Rightarrow 16 \div \boxed{} = \boxed{}$

⑧ $27-3-3-3-3-3-3-3-3-3=0 \Rightarrow 27 \div \boxed{} = \boxed{}$

⑨ $14-2-2-2-2-2-2-2=0 \Rightarrow 14 \div \boxed{} = \boxed{}$

⑩ $5-1-1-1-1-1=0 \Rightarrow 5 \div \boxed{} = \boxed{}$

같은 수를 여러 번 빼기 ①

★ 나눗셈식을 뺄셈식으로 나타내시오.

① $12 \div 6 = 2$ ⇨ $12 - \boxed{} - \boxed{} = 0$

② $24 \div 4 = 6$ ⇨ $24 - \boxed{} - \boxed{} - \boxed{} - \boxed{} - \boxed{} - \boxed{} = 0$

③ $40 \div 5 = 8$
⇨ $40 - \boxed{} - \boxed{} - \boxed{} - \boxed{} - \boxed{} - \boxed{} - \boxed{} - \boxed{} = 0$

④ $35 \div 7 = 5$ ⇨ $35 - \boxed{} - \boxed{} - \boxed{} - \boxed{} - \boxed{} = 0$

⑤ $9 \div 3 = 3$ ⇨ $9 - \boxed{} - \boxed{} - \boxed{} = 0$

⑥ $8 \div 2 = 4$ ⇨ $8 - \boxed{} - \boxed{} - \boxed{} - \boxed{} = 0$

⑦ $6 \div 1 = 6$ ⇨ $6 - \boxed{} - \boxed{} - \boxed{} - \boxed{} - \boxed{} - \boxed{} = 0$

⑧ $4 \div 4 = 1$ ⇨ $4 - \boxed{} = 0$

⑨ $63 \div 9 = 7$ ⇨ $63 - \boxed{} - \boxed{} - \boxed{} - \boxed{} - \boxed{} - \boxed{} - \boxed{} = 0$

⑩ $72 \div 8 = 9$
⇨ $72 - \boxed{} - \boxed{} - \boxed{} - \boxed{} - \boxed{} - \boxed{} - \boxed{} - \boxed{} - \boxed{} = 0$

같은 수를 여러 번 빼기 ①

★ 뺄셈식을 나눗셈식으로 나타내시오.

① $2-1-1=0 \Rightarrow 2 \div \boxed{} = \boxed{}$

② $48-8-8-8-8-8-8=0 \Rightarrow 48 \div \boxed{} = \boxed{}$

③ $36-9-9-9-9=0 \Rightarrow 36 \div \boxed{} = \boxed{}$

④ $48-6-6-6-6-6-6-6-6=0 \Rightarrow 48 \div \boxed{} = \boxed{}$

⑤ $15-3-3-3-3-3=0 \Rightarrow 15 \div \boxed{} = \boxed{}$

⑥ $28-4-4-4-4-4-4-4=0 \Rightarrow 28 \div \boxed{} = \boxed{}$

⑦ $14-7-7=0 \Rightarrow 14 \div \boxed{} = \boxed{}$

⑧ $9-9=0 \Rightarrow 9 \div \boxed{} = \boxed{}$

⑨ $15-5-5-5=0 \Rightarrow 15 \div \boxed{} = \boxed{}$

⑩ $18-2-2-2-2-2-2-2-2-2=0 \Rightarrow 18 \div \boxed{} = \boxed{}$

같은 수를 여러 번 빼기 ①

★ 나눗셈식을 뺄셈식으로 나타내시오.

① $5 \div 5 = 1 \Rightarrow 5 - \square = 0$

② $16 \div 4 = 4 \Rightarrow 16 - \square - \square - \square - \square = 0$

③ $63 \div 7 = 9$
$\Rightarrow 63 - \square - \square - \square - \square - \square - \square - \square - \square - \square = 0$

④ $4 \div 2 = 2 \Rightarrow 4 - \square - \square = 0$

⑤ $24 \div 3 = 8$
$\Rightarrow 24 - \square - \square - \square - \square - \square - \square - \square - \square = 0$

⑥ $35 \div 5 = 7 \Rightarrow 35 - \square - \square - \square - \square - \square - \square - \square = 0$

⑦ $24 \div 8 = 3 \Rightarrow 24 - \square - \square - \square = 0$

⑧ $30 \div 6 = 5 \Rightarrow 30 - \square - \square - \square - \square - \square = 0$

⑨ $54 \div 9 = 6 \Rightarrow 54 - \square - \square - \square - \square - \square - \square = 0$

⑩ $9 \div 1 = 9$
$\Rightarrow 9 - \square - \square - \square - \square - \square - \square - \square - \square - \square = 0$

같은 수를 여러 번 빼기 ①

★ 뺄셈식을 나눗셈식으로 나타내시오.

① $6-6=0 \Rightarrow 6 \div \boxed{} = \boxed{}$

② $21-7-7-7=0 \Rightarrow 21 \div \boxed{} = \boxed{}$

③ $10-2-2-2-2-2=0 \Rightarrow 10 \div \boxed{} = \boxed{}$

④ $32-8-8-8-8=0 \Rightarrow 32 \div \boxed{} = \boxed{}$

⑤ $42-6-6-6-6-6-6-6=0 \Rightarrow 42 \div \boxed{} = \boxed{}$

⑥ $8-4-4=0 \Rightarrow 8 \div \boxed{} = \boxed{}$

⑦ $81-9-9-9-9-9-9-9-9-9=0 \Rightarrow 81 \div \boxed{} = \boxed{}$

⑧ $18-3-3-3-3-3-3=0 \Rightarrow 18 \div \boxed{} = \boxed{}$

⑨ $4-1-1-1-1=0 \Rightarrow 4 \div \boxed{} = \boxed{}$

⑩ $40-5-5-5-5-5-5-5-5=0 \Rightarrow 40 \div \boxed{} = \boxed{}$

같은 수를 여러 번 빼기 ①

★ 나눗셈식을 뺄셈식으로 나타내시오.

① $7 \div 1 = 7$ ⇨ $7 - \square - \square - \square - \square - \square - \square - \square = 0$

② $18 \div 9 = 2$ ⇨ $18 - \square - \square = 0$

③ $12 \div 2 = 6$ ⇨ $12 - \square - \square - \square - \square - \square - \square = 0$

④ $49 \div 7 = 7$ ⇨ $49 - \square - \square - \square - \square - \square - \square - \square = 0$

⑤ $18 \div 6 = 3$ ⇨ $18 - \square - \square - \square = 0$

⑥ $25 \div 5 = 5$ ⇨ $25 - \square - \square - \square - \square - \square = 0$

⑦ $2 \div 2 = 1$ ⇨ $2 - \square = 0$

⑧ $12 \div 3 = 4$ ⇨ $12 - \square - \square - \square - \square = 0$

⑨ $64 \div 8 = 8$
⇨ $64 - \square - \square - \square - \square - \square - \square - \square - \square = 0$

⑩ $36 \div 4 = 9$
⇨ $36 - \square - \square - \square - \square - \square - \square - \square - \square - \square = 0$

같은 수를 여러 번 빼기 ①

★ 뺄셈식을 나눗셈식으로 나타내시오.

① $9-3-3-3=0 \Rightarrow 9 \div \boxed{} = \boxed{}$

② $49-7-7-7-7-7-7-7=0 \Rightarrow 49 \div \boxed{} = \boxed{}$

③ $32-4-4-4-4-4-4-4-4=0 \Rightarrow 32 \div \boxed{} = \boxed{}$

④ $8-1-1-1-1-1-1-1-1=0 \Rightarrow 8 \div \boxed{} = \boxed{}$

⑤ $3-3=0 \Rightarrow 3 \div \boxed{} = \boxed{}$

⑥ $32-8-8-8-8=0 \Rightarrow 32 \div \boxed{} = \boxed{}$

⑦ $30-6-6-6-6-6=0 \Rightarrow 30 \div \boxed{} = \boxed{}$

⑧ $4-2-2=0 \Rightarrow 4 \div \boxed{} = \boxed{}$

⑨ $54-9-9-9-9-9-9=0 \Rightarrow 54 \div \boxed{} = \boxed{}$

⑩ $45-5-5-5-5-5-5-5-5-5=0 \Rightarrow 45 \div \boxed{} = \boxed{}$

같은 수를 여러 번 빼기 ①

★ 나눗셈식을 뺄셈식으로 나타내시오.

① $12 \div 4 = 3 \Rightarrow 12 - \square - \square - \square = 0$

② $5 \div 1 = 5 \Rightarrow 5 - \square - \square - \square - \square - \square = 0$

③ $18 \div 3 = 6 \Rightarrow 18 - \square - \square - \square - \square - \square - \square = 0$

④ $8 \div 8 = 1 \Rightarrow 8 - \square = 0$

⑤ $72 \div 8 = 9$
$\Rightarrow 72 - \square - \square - \square - \square - \square - \square - \square - \square - \square = 0$

⑥ $14 \div 7 = 2 \Rightarrow 14 - \square - \square = 0$

⑦ $45 \div 9 = 5 \Rightarrow 45 - \square - \square - \square - \square - \square = 0$

⑧ $20 \div 5 = 4 \Rightarrow 20 - \square - \square - \square - \square = 0$

⑨ $14 \div 2 = 7 \Rightarrow 14 - \square - \square - \square - \square - \square - \square - \square = 0$

⑩ $48 \div 6 = 8$
$\Rightarrow 48 - \square - \square - \square - \square - \square - \square - \square - \square = 0$

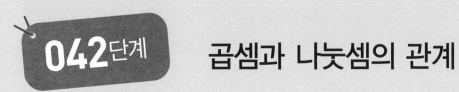

042단계 곱셈과 나눗셈의 관계

● **결과 기록지**

① 1~5일차 학습에 걸린 시간을 각각 재서 그래프에 점을 찍습니다.

② 점과 점을 연결하여 기록의 변화를 확인합니다.

③ 오답 수를 세어 오답 수 칸에 씁니다.

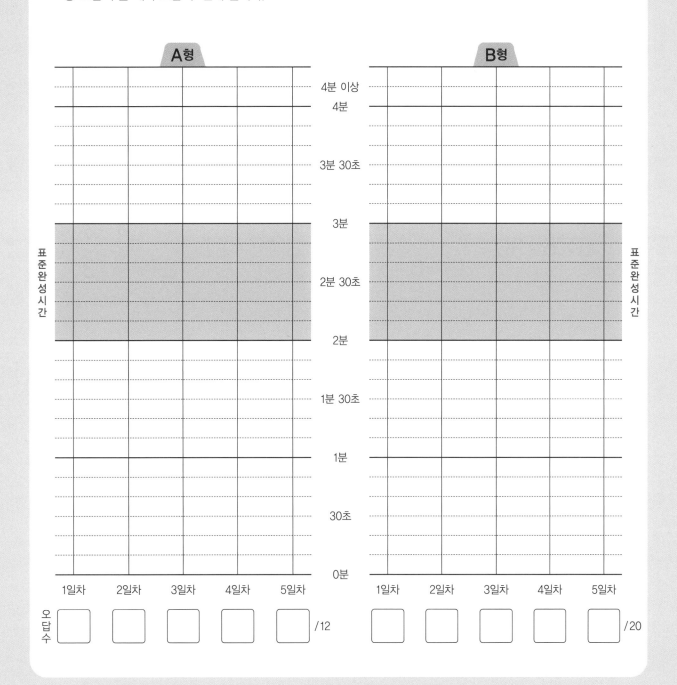

곱셈과 나눗셈의 관계

● 곱셈과 나눗셈의 관계

곱셈은 같은 수를 여러 번 더한 것이고, 나눗셈은 같은 수를 여러 번 뺀 것으로 곱셈식을 보고
나눗셈식을 만들 수 있습니다.

4개씩 2줄이므로 곱셈식 $4 \times 2 = 8$로 나타낼 수 있습니다.

8개는 4개씩 묶어서 2번 덜어 낼 수 있으므로 나눗셈식 $8 \div 4 = 2$로 나타내거나, 2개씩 묶어서
4번 덜어 낼 수 있으므로 나눗셈식 $8 \div 2 = 4$로 나타낼 수 있습니다.

$$4 \times 2 = 8 \begin{cases} 8 \div 4 = 2 \\ 8 \div 2 = 4 \end{cases}$$

보기

$$5 \times 6 = 30 \begin{cases} 30 \div 5 = 6 \\ 30 \div 6 = 5 \end{cases} \qquad 3 \times 9 = 27 \begin{cases} 27 \div 3 = 9 \\ 27 \div 9 = 3 \end{cases}$$

● 곱셈식을 이용하여 나눗셈식의 몫 구하기

곱셈식을 이용하여 나눗셈식의 몫을 구할 수 있습니다.

$$8 \times 3 = 24 \Rightarrow 24 \div 8 = 3$$

$$5 \times 7 = 35 \Rightarrow 35 \div 7 = 5$$

보기

$$2 \times 9 = 18 \Rightarrow 18 \div 2 = 9$$

$$6 \times 7 = 42 \Rightarrow 42 \div 7 = 6$$

곱셈과 나눗셈의 관계

★ 빈칸에 알맞은 수를 써넣으시오.

① $4 \times \boxed{} = 32$
$32 \div 4 = \boxed{}$
$32 \div \boxed{} = 4$

⑦ $\boxed{} \times 5 = 15$
$15 \div \boxed{} = 5$
$15 \div 5 = \boxed{}$

② $2 \times \boxed{} = 2$
$2 \div 2 = \boxed{}$
$2 \div \boxed{} = 2$

⑧ $\boxed{} \times 3 = 24$
$24 \div \boxed{} = 3$
$24 \div 3 = \boxed{}$

③ $8 \times \boxed{} = 56$
$56 \div 8 = \boxed{}$
$56 \div \boxed{} = 8$

⑨ $\boxed{} \times 1 = 7$
$7 \div \boxed{} = 1$
$7 \div 1 = \boxed{}$

④ $3 \times \boxed{} = 15$
$15 \div 3 = \boxed{}$
$15 \div \boxed{} = 3$

⑩ $\boxed{} \times 6 = 54$
$54 \div \boxed{} = 6$
$54 \div 6 = \boxed{}$

⑤ $9 \times \boxed{} = 36$
$36 \div 9 = \boxed{}$
$36 \div \boxed{} = 9$

⑪ $\boxed{} \times 2 = 8$
$8 \div \boxed{} = 2$
$8 \div 2 = \boxed{}$

⑥ $7 \times \boxed{} = 21$
$21 \div 7 = \boxed{}$
$21 \div \boxed{} = 7$

⑫ $\boxed{} \times 8 = 16$
$16 \div \boxed{} = 8$
$16 \div 8 = \boxed{}$

곱셈과 나눗셈의 관계

★ 곱셈식을 이용하여 나눗셈식의 몫을 구하시오.

① $2 \times \boxed{} = 6 \Rightarrow 6 \div 2 = \boxed{}$

⑪ $\boxed{} \times 7 = 63 \Rightarrow 63 \div 7 = \boxed{}$

② $6 \times \boxed{} = 42 \Rightarrow 42 \div 6 = \boxed{}$

⑫ $\boxed{} \times 3 = 12 \Rightarrow 12 \div 3 = \boxed{}$

③ $9 \times \boxed{} = 18 \Rightarrow 18 \div 9 = \boxed{}$

⑬ $\boxed{} \times 5 = 5 \Rightarrow 5 \div 5 = \boxed{}$

④ $4 \times \boxed{} = 20 \Rightarrow 20 \div 4 = \boxed{}$

⑭ $\boxed{} \times 2 = 16 \Rightarrow 16 \div 2 = \boxed{}$

⑤ $1 \times \boxed{} = 3 \Rightarrow 3 \div 1 = \boxed{}$

⑮ $\boxed{} \times 9 = 54 \Rightarrow 54 \div 9 = \boxed{}$

⑥ $8 \times \boxed{} = 64 \Rightarrow 64 \div 8 = \boxed{}$

⑯ $\boxed{} \times 5 = 10 \Rightarrow 10 \div 5 = \boxed{}$

⑦ $7 \times \boxed{} = 28 \Rightarrow 28 \div 7 = \boxed{}$

⑰ $\boxed{} \times 6 = 30 \Rightarrow 30 \div 6 = \boxed{}$

⑧ $3 \times \boxed{} = 18 \Rightarrow 18 \div 3 = \boxed{}$

⑱ $\boxed{} \times 1 = 8 \Rightarrow 8 \div 1 = \boxed{}$

⑨ $8 \times \boxed{} = 8 \Rightarrow 8 \div 8 = \boxed{}$

⑲ $\boxed{} \times 4 = 28 \Rightarrow 28 \div 4 = \boxed{}$

⑩ $5 \times \boxed{} = 45 \Rightarrow 45 \div 5 = \boxed{}$

⑳ $\boxed{} \times 8 = 24 \Rightarrow 24 \div 8 = \boxed{}$

곱셈과 나눗셈의 관계

★ 빈칸에 알맞은 수를 써넣으시오.

① $9 \times \boxed{} = 72$ $72 \div 9 = \boxed{}$ $72 \div \boxed{} = 9$

⑦ $\boxed{} \times 9 = 9$ $9 \div \boxed{} = 9$ $9 \div 9 = \boxed{}$

② $2 \times \boxed{} = 14$ $14 \div 2 = \boxed{}$ $14 \div \boxed{} = 2$

⑧ $\boxed{} \times 4 = 24$ $24 \div \boxed{} = 4$ $24 \div 4 = \boxed{}$

③ $6 \times \boxed{} = 30$ $30 \div 6 = \boxed{}$ $30 \div \boxed{} = 6$

⑨ $\boxed{} \times 8 = 32$ $32 \div \boxed{} = 8$ $32 \div 8 = \boxed{}$

④ $1 \times \boxed{} = 2$ $2 \div 1 = \boxed{}$ $2 \div \boxed{} = 1$

⑩ $\boxed{} \times 7 = 35$ $35 \div \boxed{} = 7$ $35 \div 7 = \boxed{}$

⑤ $4 \times \boxed{} = 12$ $12 \div 4 = \boxed{}$ $12 \div \boxed{} = 4$

⑪ $\boxed{} \times 3 = 6$ $6 \div \boxed{} = 3$ $6 \div 3 = \boxed{}$

⑥ $7 \times \boxed{} = 42$ $42 \div 7 = \boxed{}$ $42 \div \boxed{} = 7$

⑫ $\boxed{} \times 5 = 45$ $45 \div \boxed{} = 5$ $45 \div 5 = \boxed{}$

곱셈과 나눗셈의 관계

★ 곱셈식을 이용하여 나눗셈식의 몫을 구하시오.

① $4 \times \boxed{} = 36 \Rightarrow 36 \div 4 = \boxed{}$

② $7 \times \boxed{} = 7 \Rightarrow 7 \div 7 = \boxed{}$

③ $5 \times \boxed{} = 15 \Rightarrow 15 \div 5 = \boxed{}$

④ $2 \times \boxed{} = 12 \Rightarrow 12 \div 2 = \boxed{}$

⑤ $7 \times \boxed{} = 56 \Rightarrow 56 \div 7 = \boxed{}$

⑥ $9 \times \boxed{} = 63 \Rightarrow 63 \div 9 = \boxed{}$

⑦ $3 \times \boxed{} = 15 \Rightarrow 15 \div 3 = \boxed{}$

⑧ $6 \times \boxed{} = 24 \Rightarrow 24 \div 6 = \boxed{}$

⑨ $8 \times \boxed{} = 16 \Rightarrow 16 \div 8 = \boxed{}$

⑩ $1 \times \boxed{} = 5 \Rightarrow 5 \div 1 = \boxed{}$

⑪ $\boxed{} \times 1 = 6 \Rightarrow 6 \div 1 = \boxed{}$

⑫ $\boxed{} \times 3 = 21 \Rightarrow 21 \div 3 = \boxed{}$

⑬ $\boxed{} \times 5 = 40 \Rightarrow 40 \div 5 = \boxed{}$

⑭ $\boxed{} \times 7 = 21 \Rightarrow 21 \div 7 = \boxed{}$

⑮ $\boxed{} \times 2 = 4 \Rightarrow 4 \div 2 = \boxed{}$

⑯ $\boxed{} \times 3 = 3 \Rightarrow 3 \div 3 = \boxed{}$

⑰ $\boxed{} \times 4 = 16 \Rightarrow 16 \div 4 = \boxed{}$

⑱ $\boxed{} \times 8 = 72 \Rightarrow 72 \div 8 = \boxed{}$

⑲ $\boxed{} \times 9 = 45 \Rightarrow 45 \div 9 = \boxed{}$

⑳ $\boxed{} \times 6 = 36 \Rightarrow 36 \div 6 = \boxed{}$

곱셈과 나눗셈의 관계

★ 빈칸에 알맞은 수를 써넣으시오.

① $2 \times \boxed{} = 6$ $6 \div 2 = \boxed{}$
$6 \div \boxed{} = 2$

⑦ $\boxed{} \times 5 = 10$ $10 \div \boxed{} = 5$
$10 \div 5 = \boxed{}$

② $8 \times \boxed{} = 72$ $72 \div 8 = \boxed{}$
$72 \div \boxed{} = 8$

⑧ $\boxed{} \times 3 = 18$ $18 \div \boxed{} = 3$
$18 \div 3 = \boxed{}$

③ $4 \times \boxed{} = 4$ $4 \div 4 = \boxed{}$
$4 \div \boxed{} = 4$

⑨ $\boxed{} \times 6 = 24$ $24 \div \boxed{} = 6$
$24 \div 6 = \boxed{}$

④ $5 \times \boxed{} = 30$ $30 \div 5 = \boxed{}$
$30 \div \boxed{} = 5$

⑩ $\boxed{} \times 4 = 20$ $20 \div \boxed{} = 4$
$20 \div 4 = \boxed{}$

⑤ $9 \times \boxed{} = 18$ $18 \div 9 = \boxed{}$
$18 \div \boxed{} = 9$

⑪ $\boxed{} \times 1 = 9$ $9 \div \boxed{} = 1$
$9 \div 1 = \boxed{}$

⑥ $6 \times \boxed{} = 42$ $42 \div 6 = \boxed{}$
$42 \div \boxed{} = 6$

⑫ $\boxed{} \times 7 = 56$ $56 \div \boxed{} = 7$
$56 \div 7 = \boxed{}$

● 표준완성시간 : 2~3분

날짜	월	일
시간	분	초
오답 수		/ 20

곱셈과 나눗셈의 관계

★ 곱셈식을 이용하여 나눗셈식의 몫을 구하시오.

① $7 \times \boxed{} = 49 \Rightarrow 49 \div 7 = \boxed{}$

⑪ $\boxed{} \times 9 = 36 \Rightarrow 36 \div 9 = \boxed{}$

② $2 \times \boxed{} = 18 \Rightarrow 18 \div 2 = \boxed{}$

⑫ $\boxed{} \times 5 = 35 \Rightarrow 35 \div 5 = \boxed{}$

③ $8 \times \boxed{} = 40 \Rightarrow 40 \div 8 = \boxed{}$

⑬ $\boxed{} \times 3 = 24 \Rightarrow 24 \div 3 = \boxed{}$

④ $5 \times \boxed{} = 5 \Rightarrow 5 \div 5 = \boxed{}$

⑭ $\boxed{} \times 6 = 54 \Rightarrow 54 \div 6 = \boxed{}$

⑤ $4 \times \boxed{} = 24 \Rightarrow 24 \div 4 = \boxed{}$

⑮ $\boxed{} \times 1 = 2 \Rightarrow 2 \div 1 = \boxed{}$

⑥ $9 \times \boxed{} = 72 \Rightarrow 72 \div 9 = \boxed{}$

⑯ $\boxed{} \times 7 = 14 \Rightarrow 14 \div 7 = \boxed{}$

⑦ $1 \times \boxed{} = 8 \Rightarrow 8 \div 1 = \boxed{}$

⑰ $\boxed{} \times 8 = 48 \Rightarrow 48 \div 8 = \boxed{}$

⑧ $3 \times \boxed{} = 6 \Rightarrow 6 \div 3 = \boxed{}$

⑱ $\boxed{} \times 2 = 10 \Rightarrow 10 \div 2 = \boxed{}$

⑨ $6 \times \boxed{} = 18 \Rightarrow 18 \div 6 = \boxed{}$

⑲ $\boxed{} \times 8 = 8 \Rightarrow 8 \div 8 = \boxed{}$

⑩ $5 \times \boxed{} = 20 \Rightarrow 20 \div 5 = \boxed{}$

⑳ $\boxed{} \times 4 = 12 \Rightarrow 12 \div 4 = \boxed{}$

곱셈과 나눗셈의 관계

★ 빈칸에 알맞은 수를 써넣으시오.

① $1 \times \boxed{} = 4$
  $4 \div 1 = \boxed{}$
  $4 \div \boxed{} = 1$

⑦ $\boxed{} \times 2 = 8$
  $8 \div \boxed{} = 2$
  $8 \div 2 = \boxed{}$

② $4 \times \boxed{} = 36$
  $36 \div 4 = \boxed{}$
  $36 \div \boxed{} = 4$

⑧ $\boxed{} \times 7 = 14$
  $14 \div \boxed{} = 7$
  $14 \div 7 = \boxed{}$

③ $8 \times \boxed{} = 48$
  $48 \div 8 = \boxed{}$
  $48 \div \boxed{} = 8$

⑨ $\boxed{} \times 5 = 35$
  $35 \div \boxed{} = 5$
  $35 \div 5 = \boxed{}$

④ $6 \times \boxed{} = 18$
  $18 \div 6 = \boxed{}$
  $18 \div \boxed{} = 6$

⑩ $\boxed{} \times 6 = 6$
  $6 \div \boxed{} = 6$
  $6 \div 6 = \boxed{}$

⑤ $2 \times \boxed{} = 10$
  $10 \div 2 = \boxed{}$
  $10 \div \boxed{} = 2$

⑪ $\boxed{} \times 9 = 54$
  $54 \div \boxed{} = 9$
  $54 \div 9 = \boxed{}$

⑥ $9 \times \boxed{} = 63$
  $63 \div 9 = \boxed{}$
  $63 \div \boxed{} = 9$

⑫ $\boxed{} \times 3 = 12$
  $12 \div \boxed{} = 3$
  $12 \div 3 = \boxed{}$

곱셈과 나눗셈의 관계

★ 곱셈식을 이용하여 나눗셈식의 몫을 구하시오.

① $4 \times \boxed{} = 8 \Rightarrow 8 \div 4 = \boxed{}$

⑪ $\boxed{} \times 8 = 32 \Rightarrow 32 \div 8 = \boxed{}$

② $3 \times \boxed{} = 27 \Rightarrow 27 \div 3 = \boxed{}$

⑫ $\boxed{} \times 4 = 4 \Rightarrow 4 \div 4 = \boxed{}$

③ $1 \times \boxed{} = 9 \Rightarrow 9 \div 1 = \boxed{}$

⑬ $\boxed{} \times 5 = 25 \Rightarrow 25 \div 5 = \boxed{}$

④ $8 \times \boxed{} = 56 \Rightarrow 56 \div 8 = \boxed{}$

⑭ $\boxed{} \times 2 = 14 \Rightarrow 14 \div 2 = \boxed{}$

⑤ $6 \times \boxed{} = 48 \Rightarrow 48 \div 6 = \boxed{}$

⑮ $\boxed{} \times 7 = 42 \Rightarrow 42 \div 7 = \boxed{}$

⑥ $2 \times \boxed{} = 8 \Rightarrow 8 \div 2 = \boxed{}$

⑯ $\boxed{} \times 4 = 32 \Rightarrow 32 \div 4 = \boxed{}$

⑦ $9 \times \boxed{} = 27 \Rightarrow 27 \div 9 = \boxed{}$

⑰ $\boxed{} \times 9 = 81 \Rightarrow 81 \div 9 = \boxed{}$

⑧ $2 \times \boxed{} = 2 \Rightarrow 2 \div 2 = \boxed{}$

⑱ $\boxed{} \times 3 = 9 \Rightarrow 9 \div 3 = \boxed{}$

⑨ $5 \times \boxed{} = 30 \Rightarrow 30 \div 5 = \boxed{}$

⑲ $\boxed{} \times 6 = 12 \Rightarrow 12 \div 6 = \boxed{}$

⑩ $7 \times \boxed{} = 35 \Rightarrow 35 \div 7 = \boxed{}$

⑳ $\boxed{} \times 1 = 7 \Rightarrow 7 \div 1 = \boxed{}$

곱셈과 나눗셈의 관계

★ 빈칸에 알맞은 수를 써넣으시오.

① $4 \times \boxed{} = 28$
$28 \div 4 = \boxed{}$
$28 \div \boxed{} = 4$

⑦ $\boxed{} \times 3 = 12$
$12 \div \boxed{} = 3$
$12 \div 3 = \boxed{}$

② $9 \times \boxed{} = 27$
$27 \div 9 = \boxed{}$
$27 \div \boxed{} = 9$

⑧ $\boxed{} \times 1 = 6$
$6 \div \boxed{} = 1$
$6 \div 1 = \boxed{}$

③ $8 \times \boxed{} = 40$
$40 \div 8 = \boxed{}$
$40 \div \boxed{} = 8$

⑨ $\boxed{} \times 7 = 21$
$21 \div \boxed{} = 7$
$21 \div 7 = \boxed{}$

④ $5 \times \boxed{} = 20$
$20 \div 5 = \boxed{}$
$20 \div \boxed{} = 5$

⑩ $\boxed{} \times 2 = 18$
$18 \div \boxed{} = 2$
$18 \div 2 = \boxed{}$

⑤ $3 \times \boxed{} = 3$
$3 \div 3 = \boxed{}$
$3 \div \boxed{} = 3$

⑪ $\boxed{} \times 6 = 42$
$42 \div \boxed{} = 6$
$42 \div 6 = \boxed{}$

⑥ $7 \times \boxed{} = 63$
$63 \div 7 = \boxed{}$
$63 \div \boxed{} = 7$

⑫ $\boxed{} \times 9 = 72$
$72 \div \boxed{} = 9$
$72 \div 9 = \boxed{}$

● 표준완성시간 : 2~3분

날짜	월	일
시간	분	초
오답 수	/	20

곱셈과 나눗셈의 관계

★ 곱셈식을 이용하여 나눗셈식의 몫을 구하시오.

① $9 \times \boxed{} = 9 \Rightarrow 9 \div 9 = \boxed{}$

② $5 \times \boxed{} = 25 \Rightarrow 25 \div 5 = \boxed{}$

③ $7 \times \boxed{} = 28 \Rightarrow 28 \div 7 = \boxed{}$

④ $9 \times \boxed{} = 45 \Rightarrow 45 \div 9 = \boxed{}$

⑤ $2 \times \boxed{} = 12 \Rightarrow 12 \div 2 = \boxed{}$

⑥ $1 \times \boxed{} = 3 \Rightarrow 3 \div 1 = \boxed{}$

⑦ $4 \times \boxed{} = 8 \Rightarrow 8 \div 4 = \boxed{}$

⑧ $8 \times \boxed{} = 24 \Rightarrow 24 \div 8 = \boxed{}$

⑨ $3 \times \boxed{} = 21 \Rightarrow 21 \div 3 = \boxed{}$

⑩ $6 \times \boxed{} = 48 \Rightarrow 48 \div 6 = \boxed{}$

⑪ $\boxed{} \times 3 = 9 \Rightarrow 9 \div 3 = \boxed{}$

⑫ $\boxed{} \times 8 = 48 \Rightarrow 48 \div 8 = \boxed{}$

⑬ $\boxed{} \times 6 = 12 \Rightarrow 12 \div 6 = \boxed{}$

⑭ $\boxed{} \times 1 = 5 \Rightarrow 5 \div 1 = \boxed{}$

⑮ $\boxed{} \times 4 = 36 \Rightarrow 36 \div 4 = \boxed{}$

⑯ $\boxed{} \times 7 = 49 \Rightarrow 49 \div 7 = \boxed{}$

⑰ $\boxed{} \times 6 = 6 \Rightarrow 6 \div 6 = \boxed{}$

⑱ $\boxed{} \times 5 = 40 \Rightarrow 40 \div 5 = \boxed{}$

⑲ $\boxed{} \times 9 = 36 \Rightarrow 36 \div 9 = \boxed{}$

⑳ $\boxed{} \times 2 = 10 \Rightarrow 10 \div 2 = \boxed{}$

043단계 곱셈구구 범위에서의 나눗셈 ①

● 결과 기록지

① 1~5일차 학습에 걸린 시간을 각각 재서 그래프에 점을 찍습니다.

② 점과 점을 연결하여 기록의 변화를 확인합니다.

③ 오답 수를 세어 오답 수 칸에 씁니다.

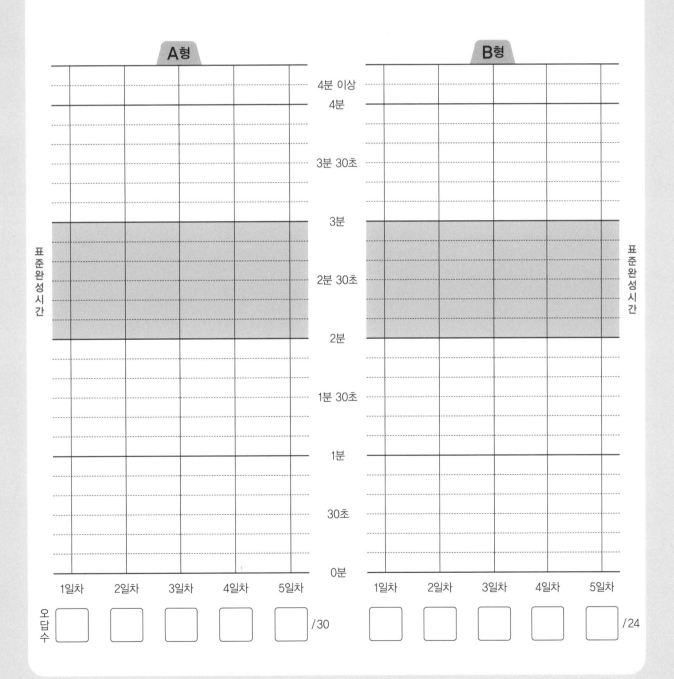

● 곱셈구구로 나눗셈의 몫 구하기

나눗셈에서 나누는 수의 단 곱셈구구를 외워서 몫을 구합니다.

★÷■에서 ■의 단 곱셈구구의 값이 ★이 되게 하는 수가 몫입니다.

$$24 \div 6 = \square \quad \Rightarrow \quad \begin{array}{l} 6 \times 1 = 6 \\ 6 \times 2 = 12 \\ 6 \times 3 = 18 \\ 6 \times 4 = 24 \end{array} \quad \Rightarrow \quad \text{몫은 } 4 \quad \Rightarrow \quad 24 \div 6 = 4$$

보기

$$56 \div 8 = \boxed{7} \quad \Leftarrow \quad 8 \times 7 = 56$$

● 나눗셈식을 세로로 쓰는 방법

몫을 일의 자리에 맞추어 씁니다.

$$32 \div 4 = 8 \quad \Rightarrow \quad 4 \overline{)3 \; 2} \begin{array}{c} 8 \leftarrow 몫 \end{array}$$
몫

보기

$$3 \overline{)1 \; 5} \begin{array}{c} 5 \end{array} \quad \Leftarrow \quad 15 \div \underset{\text{나누는 수}}{3} = \underset{\text{몫}}{5}$$

곱셈구구 범위에서의 나눗셈 ①

★ 나눗셈의 몫을 구하시오.

① $6 \div 3 =$ ☐

② $4 \div 4 =$ ☐

③ $42 \div 7 =$ ☐

④ $28 \div 4 =$ ☐

⑤ $81 \div 9 =$ ☐

⑥ $20 \div 5 =$ ☐

⑦ $6 \div 1 =$ ☐

⑧ $16 \div 2 =$ ☐

⑨ $40 \div 8 =$ ☐

⑩ $18 \div 6 =$ ☐

⑪ $48 \div 6 =$ ☐

⑫ $36 \div 9 =$ ☐

⑬ $10 \div 2 =$ ☐

⑭ $14 \div 7 =$ ☐

⑮ $3 \div 1 =$ ☐

⑯ $12 \div 4 =$ ☐

⑰ $56 \div 8 =$ ☐

⑱ $45 \div 5 =$ ☐

⑲ $18 \div 3 =$ ☐

⑳ $8 \div 8 =$ ☐

㉑ $3 \div 3 =$ ☐

㉒ $36 \div 6 =$ ☐

㉓ $24 \div 8 =$ ☐

㉔ $12 \div 3 =$ ☐

㉕ $10 \div 5 =$ ☐

㉖ $9 \div 1 =$ ☐

㉗ $14 \div 2 =$ ☐

㉘ $36 \div 4 =$ ☐

㉙ $35 \div 7 =$ ☐

㉚ $72 \div 9 =$ ☐

• 표준완성시간 : 2~3분

날짜	월	일
시간	분	초
오답 수		/ 24

곱셈구구 범위에서의 나눗셈 ①

★ 나눗셈의 몫을 구하시오.

①
7)4 9

② 2)6

③ 5)3 0

④ 9)1 8

⑤ 1)7

⑥ 3)2 4

⑦ 8)7 2

⑧ 4)2 0

⑨ 3
5)1 5

⑩ 1)8

⑪ 9)4 5

⑫ 4)3 2

⑬ 2)8

⑭ 7)6 3

⑮ 8)4 8

⑯ 6)1 2

⑰ 4)8

⑱ 7)2 1

⑲ 2)1 2

⑳ 8)3 2

㉑ 6)5 4

㉒ 5)5

㉓ 9)6 3

㉔ 3)1 5

● 표준완성시간 : 2~3분

날짜	월 일
시간	분 초
오답 수	/ 30

A형

★ 나눗셈의 몫을 구하시오.

① $2 \div 1 = \boxed{}$

② $35 \div 5 = \boxed{}$

③ $18 \div 2 = \boxed{}$

④ $56 \div 7 = \boxed{}$

⑤ $54 \div 9 = \boxed{}$

⑥ $9 \div 3 = \boxed{}$

⑦ $30 \div 6 = \boxed{}$

⑧ $16 \div 8 = \boxed{}$

⑨ $6 \div 6 = \boxed{}$

⑩ $16 \div 4 = \boxed{}$

⑪ $4 \div 2 = \boxed{}$

⑫ $42 \div 6 = \boxed{}$

⑬ $5 \div 5 = \boxed{}$

⑭ $64 \div 8 = \boxed{}$

⑮ $24 \div 4 = \boxed{}$

⑯ $27 \div 9 = \boxed{}$

⑰ $28 \div 7 = \boxed{}$

⑱ $7 \div 1 = \boxed{}$

⑲ $25 \div 5 = \boxed{}$

⑳ $27 \div 3 = \boxed{}$

㉑ $48 \div 6 = \boxed{}$

㉒ $56 \div 8 = \boxed{}$

㉓ $12 \div 3 = \boxed{}$

㉔ $5 \div 1 = \boxed{}$

㉕ $45 \div 5 = \boxed{}$

㉖ $21 \div 7 = \boxed{}$

㉗ $9 \div 9 = \boxed{}$

㉘ $12 \div 2 = \boxed{}$

㉙ $45 \div 9 = \boxed{}$

㉚ $8 \div 4 = \boxed{}$

★ 나눗셈의 몫을 구하시오.

① 6)1 2

② 9)8 1

③ 2)2

④ 4)2 8

⑤ 7)4 2

⑥ 3)2 4

⑦ 8)3 2

⑧ 5)2 5

⑨ 3)6

⑩ 4)4

⑪ 9)2 7

⑫ 5)3 0

⑬ 2)1 6

⑭ 6)4 2

⑮ 7)2 8

⑯ 4)2 0

⑰ 4)3 6

⑱ 1)9

⑲ 2)8

⑳ 6)3 0

㉑ 5)1 5

㉒ 9)5 4

㉓ 3)2 1

㉔ 8)1 6

3일차 곱셈구구 범위에서의 나눗셈 ①

날짜	월 일
시간	분 초
오답 수	/ 30

A형

★ 나눗셈의 몫을 구하시오.

① $63 \div 7 =$ ⬜

② $15 \div 3 =$ ⬜

③ $2 \div 2 =$ ⬜

④ $18 \div 9 =$ ⬜

⑤ $40 \div 5 =$ ⬜

⑥ $14 \div 2 =$ ⬜

⑦ $24 \div 6 =$ ⬜

⑧ $48 \div 8 =$ ⬜

⑨ $12 \div 4 =$ ⬜

⑩ $8 \div 1 =$ ⬜

⑪ $24 \div 8 =$ ⬜

⑫ $7 \div 7 =$ ⬜

⑬ $4 \div 2 =$ ⬜

⑭ $63 \div 9 =$ ⬜

⑮ $32 \div 4 =$ ⬜

⑯ $35 \div 7 =$ ⬜

⑰ $18 \div 3 =$ ⬜

⑱ $54 \div 6 =$ ⬜

⑲ $4 \div 1 =$ ⬜

⑳ $20 \div 5 =$ ⬜

㉑ $16 \div 4 =$ ⬜

㉒ $72 \div 9 =$ ⬜

㉓ $40 \div 8 =$ ⬜

㉔ $9 \div 3 =$ ⬜

㉕ $4 \div 4 =$ ⬜

㉖ $36 \div 6 =$ ⬜

㉗ $35 \div 5 =$ ⬜

㉘ $14 \div 7 =$ ⬜

㉙ $18 \div 2 =$ ⬜

㉚ $6 \div 1 =$ ⬜

★ 나눗셈의 몫을 구하시오.

① $3 \overline{\smash{)}2\,7}$

② $2 \overline{\smash{)}1\,0}$

③ $6 \overline{\smash{)}1\,8}$

④ $8 \overline{\smash{)}6\,4}$

⑤ $4 \overline{\smash{)}2\,4}$

⑥ $9 \overline{\smash{)}3\,6}$

⑦ $7 \overline{\smash{)}4\,9}$

⑧ $6 \overline{\smash{)}6}$

⑨ $6 \overline{\smash{)}3\,6}$

⑩ $8 \overline{\smash{)}2\,4}$

⑪ $1 \overline{\smash{)}1}$

⑫ $7 \overline{\smash{)}3\,5}$

⑬ $2 \overline{\smash{)}1\,6}$

⑭ $5 \overline{\smash{)}3\,5}$

⑮ $3 \overline{\smash{)}6}$

⑯ $9 \overline{\smash{)}8\,1}$

⑰ $3 \overline{\smash{)}3}$

⑱ $5 \overline{\smash{)}2\,5}$

⑲ $2 \overline{\smash{)}6}$

⑳ $7 \overline{\smash{)}5\,6}$

㉑ $3 \overline{\smash{)}1\,8}$

㉒ $6 \overline{\smash{)}2\,4}$

㉓ $8 \overline{\smash{)}5\,6}$

㉔ $4 \overline{\smash{)}3\,6}$

4일차

곱셈구구 범위에서의 나눗셈 ①

● 표준완성시간 : 2~3분

날짜	월	일
시간	분	초
오답 수		/ 30

★ 나눗셈의 몫을 구하시오.

① $15 \div 5 =$ ☐

② $12 \div 2 =$ ☐

③ $72 \div 8 =$ ☐

④ $42 \div 6 =$ ☐

⑤ $4 \div 1 =$ ☐

⑥ $12 \div 3 =$ ☐

⑦ $45 \div 9 =$ ☐

⑧ $8 \div 8 =$ ☐

⑨ $32 \div 4 =$ ☐

⑩ $14 \div 7 =$ ☐

⑪ $3 \div 3 =$ ☐

⑫ $8 \div 4 =$ ☐

⑬ $72 \div 9 =$ ☐

⑭ $21 \div 3 =$ ☐

⑮ $42 \div 7 =$ ☐

⑯ $8 \div 1 =$ ☐

⑰ $45 \div 5 =$ ☐

⑱ $32 \div 8 =$ ☐

⑲ $18 \div 6 =$ ☐

⑳ $10 \div 2 =$ ☐

㉑ $30 \div 6 =$ ☐

㉒ $49 \div 7 =$ ☐

㉓ $3 \div 1 =$ ☐

㉔ $40 \div 5 =$ ☐

㉕ $8 \div 2 =$ ☐

㉖ $54 \div 9 =$ ☐

㉗ $12 \div 4 =$ ☐

㉘ $7 \div 7 =$ ☐

㉙ $27 \div 3 =$ ☐

㉚ $16 \div 8 =$ ☐

★ 나눗셈의 몫을 구하시오.

① 1) 2

② 6) 5 4

③ 9) 3 6

④ 3) 1 5

⑤ 5) 1 0

⑥ 7) 2 1

⑦ 4) 2 4

⑧ 8) 6 4

⑨ 5) 2 0

⑩ 7) 6 3

⑪ 4) 2 8

⑫ 2) 4

⑬ 8) 4 0

⑭ 1) 5

⑮ 9) 2 7

⑯ 6) 4 8

⑰ 4) 2 0

⑱ 3) 9

⑲ 6) 1 2

⑳ 9) 9

㉑ 9) 6 3

㉒ 7) 2 8

㉓ 2) 1 8

㉔ 5) 3 0

5일차 곱셈구구 범위에서의 나눗셈 ①

★ 나눗셈의 몫을 구하시오.

① 16÷2=☐

② 81÷9=☐

③ 28÷4=☐

④ 9÷1=☐

⑤ 42÷7=☐

⑥ 2÷2=☐

⑦ 15÷5=☐

⑧ 40÷8=☐

⑨ 6÷3=☐

⑩ 24÷6=☐

⑪ 56÷8=☐

⑫ 48÷6=☐

⑬ 18÷3=☐

⑭ 9÷9=☐

⑮ 45÷5=☐

⑯ 8÷2=☐

⑰ 2÷1=☐

⑱ 27÷9=☐

⑲ 20÷4=☐

⑳ 14÷7=☐

㉑ 30÷5=☐

㉒ 5÷1=☐

㉓ 28÷7=☐

㉔ 18÷2=☐

㉕ 24÷8=☐

㉖ 42÷6=☐

㉗ 8÷4=☐

㉘ 15÷3=☐

㉙ 6÷6=☐

㉚ 72÷9=☐

★ 나눗셈의 몫을 구하시오.

① 2)6

② 4)3 2

③ 9)1 8

④ 1)3

⑤ 5)2 0

⑥ 3)2 1

⑦ 8)4 8

⑧ 7)6 3

⑨ 8)6 4

⑩ 5)1 0

⑪ 3)1 2

⑫ 2)1 4

⑬ 7)2 1

⑭ 6)5 4

⑮ 8)8

⑯ 4)2 4

⑰ 6)1 2

⑱ 7)4 9

⑲ 2)1 0

⑳ 9)5 4

㉑ 8)3 2

㉒ 1)7

㉓ 3)2 7

㉔ 5)4 0

044단계 같은 수를 여러 번 빼기 ②

● 결과 기록지

① 1~5일차 학습에 걸린 시간을 각각 재서 그래프에 점을 찍습니다.

② 점과 점을 연결하여 기록의 변화를 확인합니다.

③ 오답 수를 세어 오답 수 칸에 씁니다.

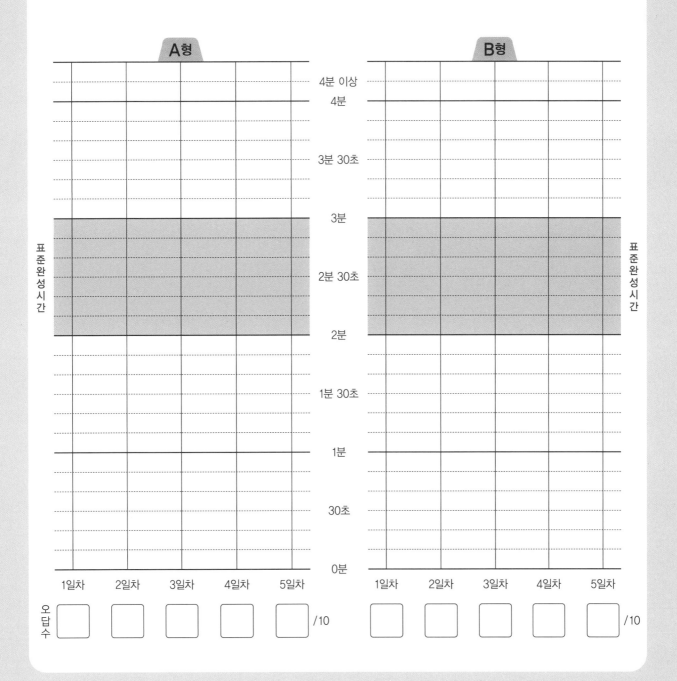

같은 수를 여러 번 빼기 ②

● 나눗셈의 몫과 나머지

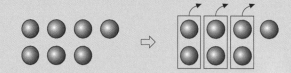

7에서 2를 3번 빼면 1이 남습니다. 이것을 뺄셈식으로 나타내면

$$7-2-2-2=1$$
$$\underbrace{}_{3번}$$

입니다. 즉 7을 2로 나누면 몫은 3이고 1이 남습니다.
이때 남은 수 1을 7÷2의 나머지라고 합니다.

> 7을 2로 나누면 몫은 3이고 1이 남습니다.
>
> $$7÷2=3\cdots1$$

뺄셈식을 나눗셈식으로 나타내기의 예

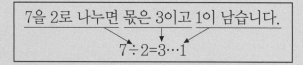

나누는 수

나머지

$$9-2-2-2-2=1 \quad \Rightarrow \quad 9÷2=4\cdots1$$

4번

몫

나눗셈식을 뺄셈식으로 나타내기의 예

빼는 수

남는 수

$$17÷3=5\cdots2 \quad \Rightarrow \quad 17-3-3-3-3-3=2$$

빼는 횟수

5번

같은 수를 여러 번 빼기 ②

★ 뺄셈식을 나눗셈식으로 나타내시오.

① $44-5-5-5-5-5-5-5-5=4 \Rightarrow 44 \div \boxed{} = \boxed{} \cdots \boxed{}$

② $22-4-4-4-4-4=2 \Rightarrow 22 \div \boxed{} = \boxed{} \cdots \boxed{}$

③ $7-2-2-2=1 \Rightarrow 7 \div \boxed{} = \boxed{} \cdots \boxed{}$

④ $16-7-7=2 \Rightarrow 16 \div \boxed{} = \boxed{} \cdots \boxed{}$

⑤ $37-9-9-9-9=1 \Rightarrow 37 \div \boxed{} = \boxed{} \cdots \boxed{}$

⑥ $11-8=3 \Rightarrow 11 \div \boxed{} = \boxed{} \cdots \boxed{}$

⑦ $47-7-7-7-7-7-7=5 \Rightarrow 47 \div \boxed{} = \boxed{} \cdots \boxed{}$

⑧ $28-3-3-3-3-3-3-3-3-3=1 \Rightarrow 28 \div \boxed{} = \boxed{} \cdots \boxed{}$

⑨ $39-6-6-6-6-6-6=3 \Rightarrow 39 \div \boxed{} = \boxed{} \cdots \boxed{}$

⑩ $62-8-8-8-8-8-8-8=6 \Rightarrow 62 \div \boxed{} = \boxed{} \cdots \boxed{}$

날짜	월	일
시간	분	초
오답 수		/ 10

B형 같은 수를 여러 번 빼기 ②

★ 나눗셈식을 뺄셈식으로 나타내시오.

① $29 \div 7 = 4 \cdots 1$ ⇨ $29 - \boxed{} - \boxed{} - \boxed{} - \boxed{} = 1$

② $11 \div 3 = 3 \cdots 2$ ⇨ $11 - \boxed{} - \boxed{} - \boxed{} = 2$

③ $17 \div 6 = 2 \cdots 5$ ⇨ $17 - \boxed{} - \boxed{} = 5$

④ $33 \div 4 = 8 \cdots 1$
⇨ $33 - \boxed{} - \boxed{} - \boxed{} - \boxed{} - \boxed{} - \boxed{} - \boxed{} - \boxed{} = 1$

⑤ $15 \div 2 = 7 \cdots 1$ ⇨ $15 - \boxed{} - \boxed{} - \boxed{} - \boxed{} - \boxed{} - \boxed{} - \boxed{} = 1$

⑥ $27 \div 5 = 5 \cdots 2$ ⇨ $27 - \boxed{} - \boxed{} - \boxed{} - \boxed{} - \boxed{} = 2$

⑦ $51 \div 8 = 6 \cdots 3$ ⇨ $51 - \boxed{} - \boxed{} - \boxed{} - \boxed{} - \boxed{} - \boxed{} = 3$

⑧ $13 \div 9 = 1 \cdots 4$ ⇨ $13 - \boxed{} = 4$

⑨ $13 \div 5 = 2 \cdots 3$ ⇨ $13 - \boxed{} - \boxed{} = 3$

⑩ $39 \div 4 = 9 \cdots 3$
⇨ $39 - \boxed{} - \boxed{} - \boxed{} - \boxed{} - \boxed{} - \boxed{} - \boxed{} - \boxed{} - \boxed{} = 3$

같은 수를 여러 번 빼기 ②

★ 뺄셈식을 나눗셈식으로 나타내시오.

① 17−3−3−3−3−3=2 ⇨ 17÷ ☐ = ☐ … ☐

② 23−9−9=5 ⇨ 23÷ ☐ = ☐ … ☐

③ 52−6−6−6−6−6−6−6−6=4 ⇨ 52÷ ☐ = ☐ … ☐

④ 82−9−9−9−9−9−9−9−9−9=1 ⇨ 82÷ ☐ = ☐ … ☐

⑤ 24−7−7−7=3 ⇨ 24÷ ☐ = ☐ … ☐

⑥ 13−2−2−2−2−2−2=1 ⇨ 13÷ ☐ = ☐ … ☐

⑦ 46−5−5−5−5−5−5−5−5−5=1 ⇨ 46÷ ☐ = ☐ … ☐

⑧ 44−6−6−6−6−6−6−6=2 ⇨ 44÷ ☐ = ☐ … ☐

⑨ 34−8−8−8−8=2 ⇨ 34÷ ☐ = ☐ … ☐

⑩ 7−4=3 ⇨ 7÷ ☐ = ☐ … ☐

같은 수를 여러 번 빼기 ②

★ 나눗셈식을 뺄셈식으로 나타내시오.

① $55 \div 6 = 9 \cdots 1$

⇨ $55 - \square - \square - \square - \square - \square - \square - \square - \square - \square = 1$

② $18 \div 4 = 4 \cdots 2$ ⇨ $18 - \square - \square - \square - \square = 2$

③ $30 \div 9 = 3 \cdots 3$ ⇨ $30 - \square - \square - \square = 3$

④ $13 \div 7 = 1 \cdots 6$ ⇨ $13 - \square = 6$

⑤ $19 \div 3 = 6 \cdots 1$ ⇨ $19 - \square - \square - \square - \square - \square - \square = 1$

⑥ $47 \div 9 = 5 \cdots 2$ ⇨ $47 - \square - \square - \square - \square - \square = 2$

⑦ $69 \div 8 = 8 \cdots 5$

⇨ $69 - \square - \square - \square - \square - \square - \square - \square - \square = 5$

⑧ $5 \div 2 = 2 \cdots 1$ ⇨ $5 - \square - \square = 1$

⑨ $37 \div 5 = 7 \cdots 2$ ⇨ $37 - \square - \square - \square - \square - \square - \square - \square = 2$

⑩ $25 \div 3 = 8 \cdots 1$

⇨ $25 - \square - \square - \square - \square - \square - \square - \square - \square = 1$

같은 수를 여러 번 빼기 ②

★ 뺄셈식을 나눗셈식으로 나타내시오.

① 65−7−7−7−7−7−7−7−7−7=2 ➪ 65÷□=□…□

② 44−8−8−8−8−8=4 ➪ 44÷□=□…□

③ 77−9−9−9−9−9−9−9−9=5 ➪ 77÷□=□…□

④ 9−2−2−2−2=1 ➪ 9÷□=□…□

⑤ 25−4−4−4−4−4−4=1 ➪ 25÷□=□…□

⑥ 19−5−5−5=4 ➪ 19÷□=□…□

⑦ 17−8−8=1 ➪ 17÷□=□…□

⑧ 9−6=3 ➪ 9÷□=□…□

⑨ 23−3−3−3−3−3−3−3=2 ➪ 23÷□=□…□

⑩ 39−7−7−7−7−7=4 ➪ 39÷□=□…□

같은 수를 여러 번 빼기 ②

★ 나눗셈식을 뺄셈식으로 나타내시오.

① $11 \div 2 = 5 \cdots 1$ ⇨ $11 - \square - \square - \square - \square - \square = 1$

② $28 \div 8 = 3 \cdots 4$ ⇨ $28 - \square - \square - \square = 4$

③ $10 \div 4 = 2 \cdots 2$ ⇨ $10 - \square - \square = 2$

④ $51 \div 7 = 7 \cdots 2$ ⇨ $51 - \square - \square - \square - \square - \square - \square - \square = 2$

⑤ $25 \div 6 = 4 \cdots 1$ ⇨ $25 - \square - \square - \square - \square = 1$

⑥ $8 \div 5 = 1 \cdots 3$ ⇨ $8 - \square = 3$

⑦ $79 \div 8 = 9 \cdots 7$
⇨ $79 - \square - \square - \square - \square - \square - \square - \square - \square - \square = 7$

⑧ $13 \div 3 = 4 \cdots 1$ ⇨ $13 - \square - \square - \square - \square = 1$

⑨ $59 \div 9 = 6 \cdots 5$ ⇨ $59 - \square - \square - \square - \square - \square - \square = 5$

⑩ $62 \div 7 = 8 \cdots 6$
⇨ $62 - \square - \square - \square - \square - \square - \square - \square - \square = 6$

같은 수를 여러 번 빼기 ②

★ 뺄셈식을 나눗셈식으로 나타내시오.

① $32-6-6-6-6-6=2 \Rightarrow 32÷\boxed{}=\boxed{}\cdots\boxed{}$

② $23-5-5-5-5=3 \Rightarrow 23÷\boxed{}=\boxed{}\cdots\boxed{}$

③ $8-3-3=2 \Rightarrow 8÷\boxed{}=\boxed{}\cdots\boxed{}$

④ $31-5-5-5-5-5-5=1 \Rightarrow 31÷\boxed{}=\boxed{}\cdots\boxed{}$

⑤ $32-7-7-7-7=4 \Rightarrow 32÷\boxed{}=\boxed{}\cdots\boxed{}$

⑥ $77-8-8-8-8-8-8-8-8-8=5 \Rightarrow 77÷\boxed{}=\boxed{}\cdots\boxed{}$

⑦ $15-4-4-4=3 \Rightarrow 15÷\boxed{}=\boxed{}\cdots\boxed{}$

⑧ $17-2-2-2-2-2-2-2-2=1 \Rightarrow 17÷\boxed{}=\boxed{}\cdots\boxed{}$

⑨ $4-3=1 \Rightarrow 4÷\boxed{}=\boxed{}\cdots\boxed{}$

⑩ $69-9-9-9-9-9-9-9=6 \Rightarrow 69÷\boxed{}=\boxed{}\cdots\boxed{}$

같은 수를 여러 번 빼기 ②

★ 나눗셈식을 뺄셈식으로 나타내시오.

① $22 \div 3 = 7 \cdots 1$ ⇨ $22 - \Box - \Box - \Box - \Box - \Box - \Box - \Box = 1$

② $87 \div 9 = 9 \cdots 6$
⇨ $87 - \Box - \Box - \Box - \Box - \Box - \Box - \Box - \Box - \Box = 6$

③ $21 \div 6 = 3 \cdots 3$ ⇨ $21 - \Box - \Box - \Box = 3$

④ $42 \div 5 = 8 \cdots 2$
⇨ $42 - \Box - \Box - \Box - \Box - \Box - \Box - \Box - \Box = 2$

⑤ $36 \div 7 = 5 \cdots 1$ ⇨ $36 - \Box - \Box - \Box - \Box - \Box = 1$

⑥ $30 \div 4 = 7 \cdots 2$ ⇨ $30 - \Box - \Box - \Box - \Box - \Box - \Box - \Box = 2$

⑦ $3 \div 2 = 1 \cdots 1$ ⇨ $3 - \Box = 1$

⑧ $41 \div 6 = 6 \cdots 5$ ⇨ $41 - \Box - \Box - \Box - \Box - \Box - \Box = 5$

⑨ $40 \div 9 = 4 \cdots 4$ ⇨ $40 - \Box - \Box - \Box - \Box = 4$

⑩ $58 \div 8 = 7 \cdots 2$ ⇨ $58 - \Box - \Box - \Box - \Box - \Box - \Box - \Box = 2$

같은 수를 여러 번 빼기 ②

★ 뺄셈식을 나눗셈식으로 나타내시오.

① 15-2-2-2-2-2-2-2=1 ⇨ 15÷☐=☐…☐

② 50-8-8-8-8-8-8=2⇨50÷☐=☐…☐

③ 37-4-4-4-4-4-4-4-4-4=1⇨37÷☐=☐…☐

④ 28-6-6-6-6=4⇨28÷☐=☐…☐

⑤ 10-3-3-3=1 ⇨ 10÷☐=☐…☐

⑥ 17-9=8⇨ 17÷☐=☐…☐

⑦ 57-7-7-7-7-7-7-7-7=1 ⇨ 57÷☐=☐…☐

⑧ 19-4-4-4-4=3⇨ 19÷☐=☐…☐

⑨ 38-5-5-5-5-5-5-5=3⇨38÷☐=☐…☐

⑩ 11-2-2-2-2-2=1 ⇨ 11÷☐=☐…☐

같은 수를 여러 번 빼기 ②

★ 나눗셈식을 뺄셈식으로 나타내시오.

① $79 \div 9 = 8 \cdots 7$

⇨ $79 - \boxed{} - \boxed{} - \boxed{} - \boxed{} - \boxed{} - \boxed{} - \boxed{} - \boxed{} = 7$

② $19 \div 2 = 9 \cdots 1$

⇨ $19 - \boxed{} - \boxed{} - \boxed{} - \boxed{} - \boxed{} - \boxed{} - \boxed{} - \boxed{} - \boxed{} = 1$

③ $14 \div 8 = 1 \cdots 6$ ⇨ $14 - \boxed{} = 6$

④ $50 \div 6 = 8 \cdots 2$

⇨ $50 - \boxed{} - \boxed{} - \boxed{} - \boxed{} - \boxed{} - \boxed{} - \boxed{} - \boxed{} = 2$

⑤ $17 \div 5 = 3 \cdots 2$ ⇨ $17 - \boxed{} - \boxed{} - \boxed{} = 2$

⑥ $27 \div 4 = 6 \cdots 3$ ⇨ $27 - \boxed{} - \boxed{} - \boxed{} - \boxed{} - \boxed{} - \boxed{} = 3$

⑦ $18 \div 7 = 2 \cdots 4$ ⇨ $18 - \boxed{} - \boxed{} = 4$

⑧ $33 \div 8 = 4 \cdots 1$ ⇨ $33 - \boxed{} - \boxed{} - \boxed{} - \boxed{} = 1$

⑨ $34 \div 6 = 5 \cdots 4$ ⇨ $34 - \boxed{} - \boxed{} - \boxed{} - \boxed{} - \boxed{} = 4$

⑩ $7 \div 3 = 2 \cdots 1$ ⇨ $7 - \boxed{} - \boxed{} = 1$

045단계 곱셈구구 범위에서의 나눗셈 ②

● 결과 기록지

① 1~5일차 학습에 걸린 시간을 각각 재서 그래프에 점을 찍습니다.
② 점과 점을 연결하여 기록의 변화를 확인합니다.
③ 오답 수를 세어 오답 수 칸에 씁니다.

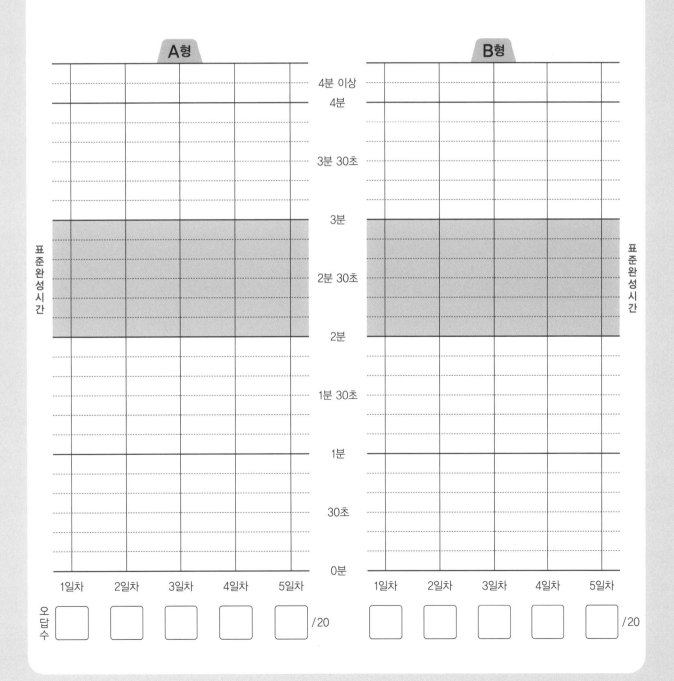

곱셈구구 범위에서의 나눗셈 ②

● 나눗셈식에서 몫과 나머지

37÷5에서 몫은 5의 단 곱셈구구에서 37보다 크지 않은 가장 큰 수를 생각하여 구합니다.
이때 나머지는 37에서 5와 몫을 곱한 값을 뺀 수입니다.

$$37 \div 5 = 7 \cdots 2 \quad \Rightarrow$$

$$\begin{array}{r} 7 \leftarrow 몫 \\ 5\overline{)3\ 7} \\ \underline{3\ 5} \leftarrow 5 \times 7 \\ 2 \leftarrow 나머지 \end{array}$$

↑몫 ↑나머지

나머지는 나누는 수보다 항상 작습니다.

나머지가 있는 가로셈의 예

$$50 \div 6 = \boxed{8} \cdots \boxed{2}$$

6×1=6, ……, 6×8=48, 6×9=54이므로 50을 넘지 않으면서 가장 큰 수는 48입니다. 따라서 50÷6의 몫은 8이고, 나머지는 50−48=2입니다.

나머지가 있는 세로셈의 예

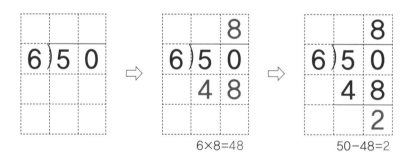

6×8=48   50−48=2

곱셈구구 범위에서의 나눗셈 ②

★ 나눗셈의 몫과 나머지를 구하시오.

① 29÷8 = ☐ … ☐

② 17÷2 = ☐ … ☐

③ 21÷5 = ☐ … ☐

④ 58÷6 = ☐ … ☐

⑤ 11÷4 = ☐ … ☐

⑥ 43÷8 = ☐ … ☐

⑦ 32÷5 = ☐ … ☐

⑧ 5÷3 = ☐ … ☐

⑨ 42÷9 = ☐ … ☐

⑩ 43÷7 = ☐ … ☐

⑪ 9÷5 = ☐ … ☐

⑫ 54÷7 = ☐ … ☐

⑬ 16÷3 = ☐ … ☐

⑭ 65÷9 = ☐ … ☐

⑮ 49÷6 = ☐ … ☐

⑯ 31÷7 = ☐ … ☐

⑰ 5÷2 = ☐ … ☐

⑱ 20÷6 = ☐ … ☐

⑲ 76÷8 = ☐ … ☐

⑳ 26÷4 = ☐ … ☐

날짜	월 일
시간	분 초
오답 수	/ 20

곱셈구구 범위에서의 나눗셈 ②

★ 나눗셈의 몫과 나머지를 구하시오.

① 6)13 （몫 2, 12, 1）

② 3)29

③ 9)49

④ 5)18

⑤ 4)31

⑥ 2)9

⑦ 9)62

⑧ 7)10

⑨ 4)13

⑩ 8)18

⑪ 5)41 （몫 8, 40, 1）

⑫ 8)65

⑬ 6)33

⑭ 9)32

⑮ 3)14

⑯ 4)6

⑰ 5)12

⑱ 8)59

⑲ 2)13

⑳ 7)67

곱셈구구 범위에서의 나눗셈 ②

★ 나눗셈의 몫과 나머지를 구하시오.

① 58÷7 = ☐ … ☐

② 21÷9 = ☐ … ☐

③ 14÷4 = ☐ … ☐

④ 36÷5 = ☐ … ☐

⑤ 55÷8 = ☐ … ☐

⑥ 11÷6 = ☐ … ☐

⑦ 29÷9 = ☐ … ☐

⑧ 21÷4 = ☐ … ☐

⑨ 7÷2 = ☐ … ☐

⑩ 26÷3 = ☐ … ☐

⑪ 38÷6 = ☐ … ☐

⑫ 17÷7 = ☐ … ☐

⑬ 10÷8 = ☐ … ☐

⑭ 19÷2 = ☐ … ☐

⑮ 53÷7 = ☐ … ☐

⑯ 9÷4 = ☐ … ☐

⑰ 16÷6 = ☐ … ☐

⑱ 20÷3 = ☐ … ☐

⑲ 83÷9 = ☐ … ☐

⑳ 29÷5 = ☐ … ☐

곱셈구구 범위에서의 나눗셈 ②

★ 나눗셈의 몫과 나머지를 구하시오.

① 7)4 1

② 5)3 3

③ 2)3

④ 8)6 8

⑤ 4)1 7

⑥ 9)7 3

⑦ 2)1 1

⑧ 5)4 8

⑨ 3)1 0

⑩ 6)2 7

⑪ 2)1 5

⑫ 8)4 6

⑬ 4)3 8

⑭ 7)2 2

⑮ 3)1 7

⑯ 8)3 6

⑰ 3)7

⑱ 9)1 2

⑲ 6)4 3

⑳ 5)2 2

곱셈구구 범위에서의 나눗셈 ②

★ 나눗셈의 몫과 나머지를 구하시오.

① 19÷3 = ☐ … ☐

② 24÷7 = ☐ … ☐

③ 37÷4 = ☐ … ☐

④ 52÷9 = ☐ … ☐

⑤ 9 ÷7 = ☐ … ☐

⑥ 13÷2 = ☐ … ☐

⑦ 37÷8 = ☐ … ☐

⑧ 76÷9 = ☐ … ☐

⑨ 11÷5 = ☐ … ☐

⑩ 47÷6 = ☐ … ☐

⑪ 3 ÷2 = ☐ … ☐

⑫ 56÷9 = ☐ … ☐

⑬ 22÷8 = ☐ … ☐

⑭ 49÷5 = ☐ … ☐

⑮ 26÷6 = ☐ … ☐

⑯ 8 ÷3 = ☐ … ☐

⑰ 36÷7 = ☐ … ☐

⑱ 51÷6 = ☐ … ☐

⑲ 29÷4 = ☐ … ☐

⑳ 11÷3 = ☐ … ☐

날짜	월	일
시간	분	초
오답 수		/ 20

B형

곱셈구구 범위에서의 나눗셈 ②

★ 나눗셈의 몫과 나머지를 구하시오.

① 5)7

② 9)19

③ 3)22

④ 6)40

⑤ 8)51

⑥ 4)22

⑦ 7)30

⑧ 8)74

⑨ 2)17

⑩ 6)23

⑪ 6)8

⑫ 5)28

⑬ 3)25

⑭ 9)68

⑮ 7)20

⑯ 9)39

⑰ 2)19

⑱ 7)44

⑲ 8)25

⑳ 4)35

곱셈구구 범위에서의 나눗셈 ②

★ 나눗셈의 몫과 나머지를 구하시오.

① 7 ÷ 4 = ☐ … ☐

② 60÷8 = ☐ … ☐

③ 31÷6 = ☐ … ☐

④ 28÷3 = ☐ … ☐

⑤ 11÷2 = ☐ … ☐

⑥ 42÷5 = ☐ … ☐

⑦ 25÷9 = ☐ … ☐

⑧ 39÷6 = ☐ … ☐

⑨ 23÷7 = ☐ … ☐

⑩ 34÷5 = ☐ … ☐

⑪ 57÷9 = ☐ … ☐

⑫ 13÷3 = ☐ … ☐

⑬ 40÷7 = ☐ … ☐

⑭ 15÷2 = ☐ … ☐

⑮ 67÷8 = ☐ … ☐

⑯ 18÷4 = ☐ … ☐

⑰ 69÷7 = ☐ … ☐

⑱ 19÷5 = ☐ … ☐

⑲ 9 ÷6 = ☐ … ☐

⑳ 21÷8 = ☐ … ☐

● 표준완성시간 : 2~3분

날짜	월	일
시간	분	초
오답 수	/	20

곱셈구구 범위에서의 나눗셈 ②

★ 나눗셈의 몫과 나머지를 구하시오.

① 6)15

⑥ 9)35

⑪ 8)15

⑯ 7)47

② 2)11

⑦ 6)56

⑫ 7)57

⑰ 6)46

③ 4)34

⑧ 3)4

⑬ 9)48

⑱ 5)16

④ 8)53

⑨ 5)38

⑭ 4)27

⑲ 3)26

⑤ 7)32

⑩ 8)33

⑮ 2)7

⑳ 9)87

곱셈구구 범위에서의 나눗셈 ②

★ 나눗셈의 몫과 나머지를 구하시오.

① $9 \div 2 =$ ☐ ⋯ ☐

② $86 \div 9 =$ ☐ ⋯ ☐

③ $37 \div 7 =$ ☐ ⋯ ☐

④ $23 \div 5 =$ ☐ ⋯ ☐

⑤ $16 \div 3 =$ ☐ ⋯ ☐

⑥ $17 \div 9 =$ ☐ ⋯ ☐

⑦ $52 \div 6 =$ ☐ ⋯ ☐

⑧ $30 \div 4 =$ ☐ ⋯ ☐

⑨ $27 \div 8 =$ ☐ ⋯ ☐

⑩ $14 \div 5 =$ ☐ ⋯ ☐

⑪ $37 \div 5 =$ ☐ ⋯ ☐

⑫ $10 \div 4 =$ ☐ ⋯ ☐

⑬ $17 \div 2 =$ ☐ ⋯ ☐

⑭ $21 \div 6 =$ ☐ ⋯ ☐

⑮ $25 \div 4 =$ ☐ ⋯ ☐

⑯ $47 \div 8 =$ ☐ ⋯ ☐

⑰ $11 \div 7 =$ ☐ ⋯ ☐

⑱ $55 \div 6 =$ ☐ ⋯ ☐

⑲ $23 \div 3 =$ ☐ ⋯ ☐

⑳ $74 \div 9 =$ ☐ ⋯ ☐

● 표준완성시간 : 2~3분

날짜	월	일
시간	분	초
오답 수	/	20

곱셈구구 범위에서의 나눗셈 ②

★ 나눗셈의 몫과 나머지를 구하시오.

① 7)50

⑥ 9)46

⑪ 3)8

⑯ 7)59

② 5)43

⑦ 4)5

⑫ 9)66

⑰ 4)15

③ 6)32

⑧ 8)78

⑬ 5)46

⑱ 2)13

④ 9)40

⑨ 7)23

⑭ 8)61

⑲ 5)27

⑤ 3)19

⑩ 2)7

⑮ 6)25

⑳ 8)11

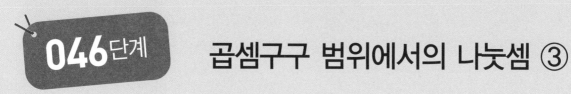

046단계 곱셈구구 범위에서의 나눗셈 ③

● 결과 기록지

① 1~5일차 학습에 걸린 시간을 각각 재서 그래프에 점을 찍습니다.
② 점과 점을 연결하여 기록의 변화를 확인합니다.
③ 오답 수를 세어 오답 수 칸에 씁니다.

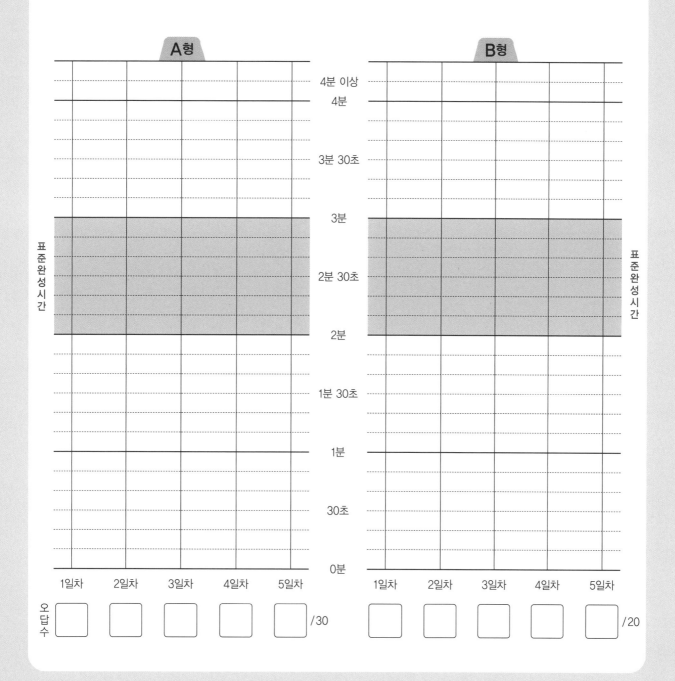

곱셈구구 범위에서의 나눗셈 ③

● 나머지가 없는 나눗셈

나누는 수의 단 곱셈구구를 외워 나뉠 수와 같은 수가 나오면 나머지가 없는 나눗셈입니다.

21÷7=3 ⇨ 21÷7의 몫은 3이고, 나머지가 없습니다.

나머지가 없으면 나머지가 0이라고 말할 수 있습니다.

나머지가 0일 때, 나누어떨어진다고 합니다.

보기

가로셈   18÷2=9

세로셈

```
      9
2)1 8
  1 8
      0
```

● 나머지가 있는 나눗셈

나누는 수의 단 곱셈구구를 외워 나뉠 수와 같은 수가 없으면 나머지가 있는 나눗셈입니다.

39÷9=4…3 ⇨ 4는 39÷9의 몫이고, 3은 나머지입니다.

↑ 몫 ↑ 나머지   나머지가 있는 나눗셈식을 쓸 때에는 39÷9=4…3과 같이 몫과 나머지를 '…'를 이용해서 씁니다.

보기

가로셈   20÷6=3…2

세로셈

```
        3
6)2 0
  1 8
        2
```

곱셈구구 범위에서의 나눗셈 ③

★ 나눗셈을 하시오.

① 17÷2=

② 14÷6=

③ 5÷5=

④ 39÷4=

⑤ 48÷7=

⑥ 34÷8=

⑦ 39÷5=

⑧ 7÷3=

⑨ 35÷7=

⑩ 23÷9=

⑪ 26÷5=

⑫ 14÷8=

⑬ 29÷3=

⑭ 14÷2=

⑮ 53÷6=

⑯ 29÷7=

⑰ 24÷8=

⑱ 11÷4=

⑲ 55÷9=

⑳ 7÷2=

㉑ 48÷6=

㉒ 17÷3=

㉓ 66÷7=

㉔ 6÷4=

㉕ 51÷9=

㉖ 15÷2=

㉗ 22÷6=

㉘ 12÷3=

㉙ 19÷8=

㉚ 31÷5=

곱셈구구 범위에서의 나눗셈 ③

★ 나눗셈을 하시오.

① 5) 1 7

② 4) 8

③ 7) 6 1

④ 3) 2 0

⑤ 9) 1 3

⑥ 2) 9

⑦ 6) 4 5

⑧ 9) 8 1

⑨ 8) 6 6

⑩ 4) 2 3

⑪ 8) 4 8

⑫ 3) 1 3

⑬ 5) 7

⑭ 7) 3 9

⑮ 6) 5 9

⑯ 4) 2 9

⑰ 2) 5

⑱ 9) 3 0

⑲ 8) 4 9

⑳ 5) 4 0

2일차

곱셈구구 범위에서의 나눗셈 ③

● 표준완성시간 : 2~3분

날짜		월	일
시간		분	초
오답 수		/	30

A형

★ 나눗셈을 하시오.

① 33÷4=

② 63÷8=

③ 5÷3=

④ 15÷7=

⑤ 36÷4=

⑥ 38÷9=

⑦ 19÷6=

⑧ 40÷8=

⑨ 47÷5=

⑩ 13÷2=

⑪ 23÷3=

⑫ 3÷2=

⑬ 12÷6=

⑭ 84÷9=

⑮ 44÷8=

⑯ 14÷4=

⑰ 18÷3=

⑱ 13÷5=

⑲ 51÷7=

⑳ 50÷6=

㉑ 34÷6=

㉒ 7÷7=

㉓ 79÷9=

㉔ 19÷4=

㉕ 11÷2=

㉖ 32÷5=

㉗ 77÷8=

㉘ 63÷9=

㉙ 13÷3=

㉚ 26÷7=

★ 나눗셈을 하시오.

① $4\overline{)1\,0}$

② $9\overline{)5\,8}$

③ $6\overline{)7}$

④ $2\overline{)1\,5}$

⑤ $7\overline{)5\,6}$

⑥ $5\overline{)2\,4}$

⑦ $2\overline{)6}$

⑧ $7\overline{)6\,8}$

⑨ $3\overline{)2\,5}$

⑩ $8\overline{)3\,5}$

⑪ $3\overline{)2\,2}$

⑫ $8\overline{)3\,0}$

⑬ $6\overline{)4\,1}$

⑭ $5\overline{)2\,0}$

⑮ $4\overline{)1\,3}$

⑯ $5\overline{)4\,1}$

⑰ $9\overline{)4\,7}$

⑱ $4\overline{)2\,4}$

⑲ $7\overline{)1\,3}$

⑳ $2\overline{)1\,9}$

★ 나눗셈을 하시오.

① $71 \div 9 =$

② $10 \div 2 =$

③ $8 \div 5 =$

④ $17 \div 8 =$

⑤ $25 \div 7 =$

⑥ $17 \div 2 =$

⑦ $27 \div 9 =$

⑧ $57 \div 6 =$

⑨ $14 \div 3 =$

⑩ $25 \div 4 =$

⑪ $7 \div 2 =$

⑫ $45 \div 7 =$

⑬ $20 \div 9 =$

⑭ $21 \div 4 =$

⑮ $14 \div 7 =$

⑯ $44 \div 5 =$

⑰ $39 \div 8 =$

⑱ $28 \div 3 =$

⑲ $30 \div 5 =$

⑳ $44 \div 6 =$

㉑ $12 \div 5 =$

㉒ $69 \div 8 =$

㉓ $16 \div 4 =$

㉔ $5 \div 2 =$

㉕ $82 \div 9 =$

㉖ $29 \div 6 =$

㉗ $7 \div 4 =$

㉘ $56 \div 8 =$

㉙ $36 \div 7 =$

㉚ $11 \div 3 =$

★ 나눗셈을 하시오.

① 9)41

② 2)13

③ 6)37

④ 3)15

⑤ 5)49

⑥ 6)6

⑦ 3)26

⑧ 7)18

⑨ 8)28

⑩ 4)31

⑪ 8)26

⑫ 7)34

⑬ 5)38

⑭ 9)16

⑮ 2)18

⑯ 4)26

⑰ 9)72

⑱ 2)9

⑲ 6)17

⑳ 3)16

날짜	월	일
시간	분	초
오답 수	/	30

4일차 곱셈구구 범위에서의 나눗셈 ③

A형

★ 나눗셈을 하시오.

① 35÷6=

② 75÷8=

③ 19÷3=

④ 30÷6=

⑤ 37÷5=

⑥ 3÷2=

⑦ 65÷7=

⑧ 24÷3=

⑨ 31÷9=

⑩ 17÷4=

⑪ 28÷4=

⑫ 52÷7=

⑬ 75÷9=

⑭ 8÷3=

⑮ 22÷4=

⑯ 9÷9=

⑰ 21÷5=

⑱ 52÷8=

⑲ 28÷6=

⑳ 19÷2=

㉑ 16÷5=

㉒ 11÷2=

㉓ 57÷8=

㉔ 34÷4=

㉕ 45÷5=

㉖ 38÷6=

㉗ 4÷3=

㉘ 69÷9=

㉙ 60÷7=

㉚ 12÷2=

● 표준완성시간 : 2~3분

날짜	월	일
시간	분	초
오답 수		/ 20

곱셈구구 범위에서의 나눗셈 ③

★ 나눗셈을 하시오.

① 7) 4 6

⑥ 2) 1 5

⑪ 6) 5 1

⑯ 3) 2 8

② 3) 2 3

⑦ 8) 4 5

⑫ 3) 9

⑰ 7) 3 3

③ 8) 6 4

⑧ 4) 3 7

⑬ 4) 1 5

⑱ 6) 3 6

④ 9) 2 4

⑨ 7) 2 8

⑭ 9) 6 4

⑲ 2) 5

⑤ 5) 1 8

⑩ 6) 1 0

⑮ 5) 2 8

⑳ 8) 5 4

5 일차

● 표준완성시간 : 2~3분

곱셈구구 범위에서의 나눗셈 ③

날짜	월	일
시간	분	초
오답 수		/ 30

A 형

★ 나눗셈을 하시오.

① 36÷9=

② 30÷4=

③ 25÷3=

④ 18÷7=

⑤ 25÷6=

⑥ 33÷5=

⑦ 20÷4=

⑧ 13÷8=

⑨ 61÷9=

⑩ 19÷2=

⑪ 14÷3=

⑫ 11÷9=

⑬ 16÷2=

⑭ 27÷4=

⑮ 58÷8=

⑯ 46÷6=

⑰ 9÷2=

⑱ 38÷7=

⑲ 42÷5=

⑳ 72÷8=

㉑ 23÷5=

㉒ 3÷3=

㉓ 56÷6=

㉔ 53÷9=

㉕ 12÷7=

㉖ 18÷6=

㉗ 8÷3=

㉘ 13÷2=

㉙ 71÷8=

㉚ 38÷4=

곱셈구구 범위에서의 나눗셈 ③

★ 나눗셈을 하시오.

① $8\overline{)79}$

② $5\overline{)10}$

③ $6\overline{)8}$

④ $3\overline{)16}$

⑤ $7\overline{)19}$

⑥ $3\overline{)21}$

⑦ $4\overline{)18}$

⑧ $9\overline{)33}$

⑨ $5\overline{)48}$

⑩ $2\overline{)17}$

⑪ $2\overline{)7}$

⑫ $5\overline{)14}$

⑬ $8\overline{)42}$

⑭ $6\overline{)54}$

⑮ $7\overline{)55}$

⑯ $4\overline{)35}$

⑰ $7\overline{)42}$

⑱ $6\overline{)33}$

⑲ $3\overline{)20}$

⑳ $9\overline{)37}$

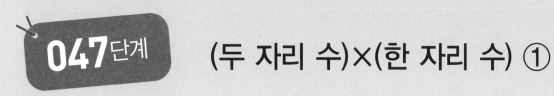

(두 자리 수)×(한 자리 수) ①

● 결과 기록지

① 1~5일차 학습에 걸린 시간을 각각 재서 그래프에 점을 찍습니다.
② 점과 점을 연결하여 기록의 변화를 확인합니다.
③ 오답 수를 세어 오답 수 칸에 씁니다.

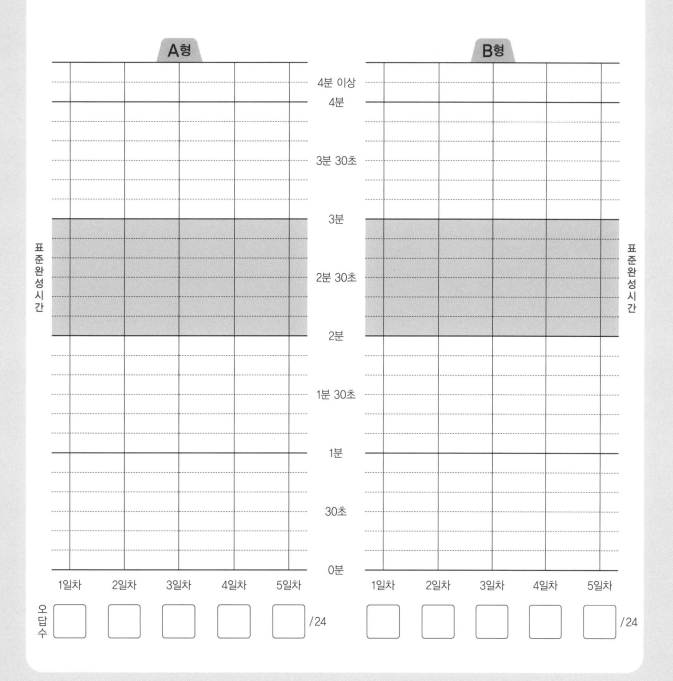

(두 자리 수)×(한 자리 수) ①

● 올림이 없는 (몇십)×(몇)

(몇십)×(몇)은 (몇)×(몇)을 계산한 다음 그 값에 0을 1개 씁니다.

● 올림이 없는 (두 자리 수)×(한 자리 수)

올림이 없는 (두 자리 수)×(한 자리 수)의 계산은 두 자리 수의 일의 자리 숫자와 한 자리 수의 곱을 일의 자리에 쓰고, 두 자리 수의 십의 자리 숫자와 한 자리 수의 곱을 십의 자리에 씁니다.

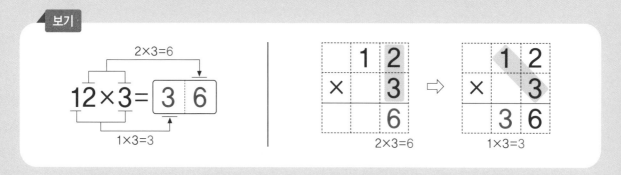

(두 자리 수)×(한 자리 수) ①

★ 곱셈을 하시오.

① 10×2 = 2 0

② 10×4 =

③ 10×7 =

④ 10×8 =

⑤ 20×1 =

⑥ 20×3 =

⑦ 30×2 =

⑧ 40×2 =

⑨ 11×3 =

⑩ 11×4 =

⑪ 11×6 =

⑫ 11×9 =

⑬ 12×1 =

⑭ 12×4 =

⑮ 13×2 =

⑯ 14×2 =

⑰ 21×3 =

⑱ 22×4 =

⑲ 23×2 =

⑳ 31×1 =

㉑ 32×3 =

㉒ 34×2 =

㉓ 41×2 =

㉔ 43×2 =

날짜	월 일
시간	분 초
오답 수	/ 24

B형

(두 자리 수)×(한 자리 수) ①

★ 곱셈을 하시오.

①
```
    1 0
  ×   3
    3 0
```

②
```
    1 0
  ×   6
```

③
```
    1 0
  ×   9
```

④
```
    2 0
  ×   2
```

⑤
```
    3 0
  ×   3
```

⑥
```
    4 0
  ×   1
```

⑦
```
    1 1
  ×   1
    1 1
```

⑧
```
    1 1
  ×   2
```

⑨
```
    1 1
  ×   5
```

⑩
```
    1 1
  ×   8
```

⑪
```
    1 2
  ×   3
```

⑫
```
    1 3
  ×   3
```

⑬
```
    2 1
  ×   2
```

⑭
```
    2 1
  ×   4
```

⑮
```
    2 2
  ×   1
```

⑯
```
    2 2
  ×   2
```

⑰
```
    2 3
  ×   3
```

⑱
```
    2 4
  ×   2
```

⑲
```
    3 1
  ×   3
```

⑳
```
    3 2
  ×   2
```

㉑
```
    3 3
  ×   2
```

㉒
```
    4 1
  ×   1
```

㉓
```
    4 2
  ×   2
```

㉔
```
    4 4
  ×   2
```

● 표준완성시간 : 2~3분

날짜	월 일
시간	분 초
오답 수	/ 24

A형

★ 곱셈을 하시오.

① 10×8 =

② 10×1 =

③ 20×2 =

④ 30×3 =

⑤ 10×9 =

⑥ 40×2 =

⑦ 10×5 =

⑧ 20×4 =

⑨ 13×3 =

⑩ 41×2 =

⑪ 11×8 =

⑫ 43×2 =

⑬ 22×3 =

⑭ 26×1 =

⑮ 11×2 =

⑯ 33×3 =

⑰ 23×2 =

⑱ 11×4 =

⑲ 36×1 =

⑳ 12×2 =

㉑ 31×2 =

㉒ 11×7 =

㉓ 44×2 =

㉔ 21×3 =

날짜	월 일
시간	분 초
오답 수	/ 24

B형

(두 자리 수)×(한 자리 수) ①

★ 곱셈을 하시오.

①
	2	0
×		3

②
	1	0
×		4

③
	8	0
×		1

④
	1	0
×		2

⑤
	1	0
×		7

⑥
	3	0
×		2

⑦
	2	2
×		2

⑧
	4	3
×		2

⑨
	1	1
×		3

⑩
	3	3
×		1

⑪
	1	4
×		2

⑫
	2	4
×		2

⑬
	2	9
×		1

⑭
	1	1
×		6

⑮
	3	2
×		3

⑯
	2	2
×		4

⑰
	1	3
×		2

⑱
	4	2
×		2

⑲
	1	2
×		4

⑳
	6	8
×		1

㉑
	2	1
×		2

㉒
	3	4
×		2

㉓
	1	1
×		9

㉔
	2	3
×		3

★ 곱셈을 하시오.

① 40×2 =

② 20×3 =

③ 10×5 =

④ 44×2 =

⑤ 12×1 =

⑥ 24×2 =

⑦ 11×9 =

⑧ 33×2 =

⑨ 30×2 =

⑩ 10×3 =

⑪ 60×1 =

⑫ 42×2 =

⑬ 11×5 =

⑭ 21×4 =

⑮ 32×2 =

⑯ 12×3 =

⑰ 10×6 =

⑱ 11×7 =

⑲ 57×1 =

⑳ 20×4 =

㉑ 13×2 =

㉒ 31×3 =

㉓ 10×9 =

㉔ 22×3 =

날짜	월 일
시간	분 초
오답 수	/ 24

(두 자리 수)×(한 자리 수) ①

★ 곱셈을 하시오.

①
```
  1 0
× 　4
```

⑦
```
  4 0
× 　2
```

⑬
```
  2 0
× 　2
```

⑲
```
  1 0
× 　2
```

②
```
  9 0
× 　1
```

⑧
```
  1 0
× 　7
```

⑭
```
  8 5
× 　1
```

⑳
```
  4 1
× 　2
```

③
```
  4 3
× 　2
```

⑨
```
  3 1
× 　2
```

⑮
```
  3 3
× 　3
```

㉑
```
  1 1
× 　8
```

④
```
  1 1
× 　2
```

⑩
```
  1 4
× 　2
```

⑯
```
  1 0
× 　8
```

㉒
```
  3 0
× 　3
```

⑤
```
  3 4
× 　2
```

⑪
```
  9 4
× 　1
```

⑰
```
  2 3
× 　2
```

㉓
```
  7 6
× 　1
```

⑥
```
  2 1
× 　3
```

⑫
```
  1 1
× 　4
```

⑱
```
  1 2
× 　2
```

㉔
```
  2 2
× 　4
```

(두 자리 수)×(한 자리 수) ①

★ 곱셈을 하시오.

① 20×4=

② 30×1=

③ 10×8=

④ 33×3=

⑤ 12×4=

⑥ 31×2=

⑦ 22×4=

⑧ 11×6=

⑨ 10×7=

⑩ 30×2=

⑪ 10×4=

⑫ 21×2=

⑬ 53×1=

⑭ 11×3=

⑮ 41×2=

⑯ 23×3=

⑰ 10×2=

⑱ 32×3=

⑲ 42×2=

⑳ 30×3=

㉑ 13×3=

㉒ 12×2=

㉓ 70×1=

㉔ 21×4=

● 표준완성시간 : 2~3분

날짜	월 일
시간	분 초
오답 수	/ 24

(두 자리 수)×(한 자리 수) ①

★ 곱셈을 하시오.

①
```
  4 0
× 　2
```

②
```
  1 0
× 　9
```

③
```
  7 1
× 　1
```

④
```
  2 1
× 　3
```

⑤
```
  1 1
× 　4
```

⑥
```
  4 4
× 　2
```

⑦
```
  1 0
× 　3
```

⑧
```
  2 0
× 　2
```

⑨
```
  1 1
× 　5
```

⑩
```
  2 2
× 　3
```

⑪
```
  4 8
× 　1
```

⑫
```
  3 1
× 　3
```

⑬
```
  1 0
× 　5
```

⑭
```
  6 2
× 　1
```

⑮
```
  1 3
× 　2
```

⑯
```
  2 0
× 　3
```

⑰
```
  1 1
× 　7
```

⑱
```
  3 2
× 　2
```

⑲
```
  5 0
× 　1
```

⑳
```
  2 4
× 　2
```

㉑
```
  1 2
× 　3
```

㉒
```
  1 0
× 　6
```

㉓
```
  3 3
× 　2
```

㉔
```
  1 1
× 　8
```

★ 곱셈을 하시오.

① 12×3=

② 20×2=

③ 42×2=

④ 23×3=

⑤ 50×1=

⑥ 11×2=

⑦ 10×6=

⑧ 31×3=

⑨ 87×1=

⑩ 22×2=

⑪ 10×3=

⑫ 40×2=

⑬ 34×2=

⑭ 20×4=

⑮ 32×2=

⑯ 11×8=

⑰ 10×5=

⑱ 33×2=

⑲ 14×2=

⑳ 30×3=

㉑ 11×5=

㉒ 43×2=

㉓ 21×2=

㉔ 80×1=

(두 자리 수)×(한 자리 수) ①

★ 곱셈을 하시오.

①
```
  1 3
×   3
```

②
```
  3 1
×   2
```

③
```
  1 0
×   2
```

④
```
  6 0
×   1
```

⑤
```
  4 1
×   2
```

⑥
```
  1 1
×   6
```

⑦
```
  1 0
×   9
```

⑧
```
  2 2
×   3
```

⑨
```
  9 2
×   1
```

⑩
```
  1 1
×   7
```

⑪
```
  3 3
×   3
```

⑫
```
  1 0
×   4
```

⑬
```
  7 8
×   1
```

⑭
```
  2 0
×   3
```

⑮
```
  2 1
×   4
```

⑯
```
  1 2
×   2
```

⑰
```
  1 0
×   8
```

⑱
```
  3 2
×   3
```

⑲
```
  1 1
×   3
```

⑳
```
  2 3
×   2
```

㉑
```
  1 0
×   7
```

㉒
```
  4 4
×   2
```

㉓
```
  6 5
×   1
```

㉔
```
  3 0
×   2
```

(두 자리 수)×(한 자리 수) ②

● **결과 기록지**

① 1~5일차 학습에 걸린 시간을 각각 재서 그래프에 점을 찍습니다.
② 점과 점을 연결하여 기록의 변화를 확인합니다.
③ 오답 수를 세어 오답 수 칸에 씁니다.

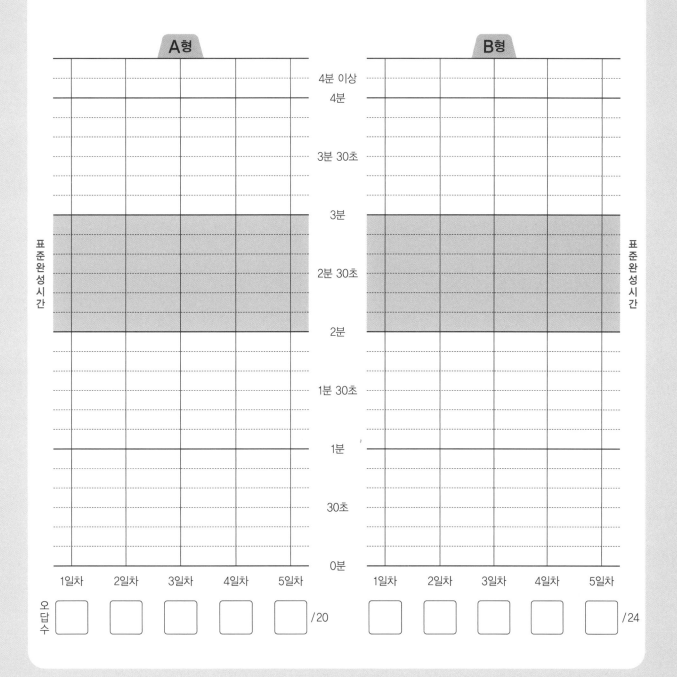

(두 자리 수)×(한 자리 수) ②

● 십의 자리에서 올림이 있는 (두 자리 수)×(한 자리 수)

십의 자리에서 올림이 있는 (두 자리 수)×(한 자리 수)의 계산은 백의 자리에 올림한 숫자를 나타냅니다.

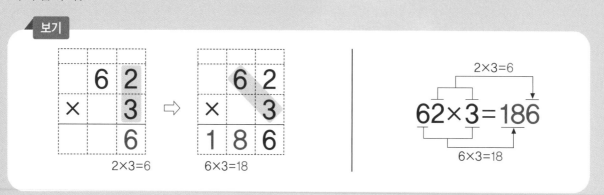

● 일의 자리에서 올림이 있는 (두 자리 수)×(한 자리 수)

일의 자리에서 올림이 있는 (두 자리 수)×(한 자리 수)의 계산은 올림한 숫자를 십의 자리 위에 작게 써 주고, 십의 자리의 곱과 잊지 않고 더해 줍니다.

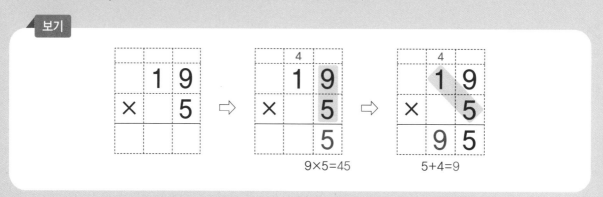

● 일의 자리에서 올림이 있는 (두 자리 수)×(한 자리 수)의 가로셈

일의 자리에서 올림이 있는 (두 자리 수)×(한 자리 수)의 가로셈은 세로셈을 생각하면 쉽게 해결할 수 있습니다.

● 표준완성시간 : 2~3분

날짜	월	일
시간	분	초
오답 수	/	20

(두 자리 수)×(한 자리 수) ②

★ 곱셈을 하시오.

①
```
    2 0
 ×    7
 (1 4 0)
```

⑥
```
    4 2
 ×    3
```

⑪
```
    1 2
 ×    5
 (  6 0)
```

⑯
```
    1 9
 ×    2
```

②
```
    5 0
 ×    3
```

⑦
```
    5 4
 ×    2
```

⑫
```
    1 4
 ×    6
```

⑰
```
    2 4
 ×    3
```

③
```
    7 0
 ×    4
```

⑧
```
    6 1
 ×    6
```

⑬
```
    1 5
 ×    2
```

⑱
```
    2 7
 ×    2
```

④
```
    2 1
 ×    5
```

⑨
```
    7 3
 ×    2
```

⑭
```
    1 6
 ×    4
```

⑲
```
    3 5
 ×    2
```

⑤
```
    3 1
 ×    9
```

⑩
```
    8 1
 ×    8
```

⑮
```
    1 7
 ×    3
```

⑳
```
    4 8
 ×    2
```

★ 곱셈을 하시오.

① $30 \times 9 =$

② $60 \times 2 =$

③ $21 \times 8 =$

④ $41 \times 6 =$

⑤ $52 \times 4 =$

⑥ $71 \times 5 =$

⑦ $82 \times 3 =$

⑧ $93 \times 2 =$

⑨ $13 \times 5 =$

⑩ $14 \times 3 =$

⑪ $15 \times 4 =$

⑫ $18 \times 2 =$

⑬ $23 \times 4 =$

⑭ $26 \times 3 =$

⑮ $37 \times 2 =$

⑯ $49 \times 2 =$

⑰ $80 \times 4 =$

⑱ $31 \times 7 =$

⑲ $51 \times 2 =$

⑳ $63 \times 3 =$

㉑ $12 \times 7 =$

㉒ $16 \times 2 =$

㉓ $29 \times 3 =$

㉔ $45 \times 2 =$

(두 자리 수)×(한 자리 수) ②

★ 곱셈을 하시오.

①
```
    9 0
×     2
```

⑥
```
    6 2
×     2
```

⑪
```
    1 4
×     5
```

⑯
```
    4 6
×     2
```

②
```
    4 0
×     8
```

⑦
```
    7 1
×     6
```

⑫
```
    2 8
×     2
```

⑰
```
    1 8
×     4
```

③
```
    6 0
×     6
```

⑧
```
    4 1
×     3
```

⑬
```
    1 2
×     8
```

⑱
```
    1 9
×     3
```

④
```
    8 3
×     3
```

⑨
```
    3 2
×     4
```

⑭
```
    3 9
×     2
```

⑲
```
    1 3
×     7
```

⑤
```
    5 1
×     7
```

⑩
```
    9 4
×     2
```

⑮
```
    1 7
×     4
```

⑳
```
    2 5
×     3
```

(두 자리 수)×(한 자리 수) ②

★ 곱셈을 하시오.

① 50×5＝

② 20×9＝

③ 72×3＝

④ 61×8＝

⑤ 43×3＝

⑥ 81×2＝

⑦ 31×4＝

⑧ 92×2＝

⑨ 13×4＝

⑩ 29×2＝

⑪ 15×5＝

⑫ 27×3＝

⑬ 38×2＝

⑭ 17×2＝

⑮ 16×6＝

⑯ 47×2＝

⑰ 70×7＝

⑱ 21×6＝

⑲ 52×2＝

⑳ 91×5＝

㉑ 19×4＝

㉒ 26×2＝

㉓ 18×3＝

㉔ 24×4＝

(두 자리 수)×(한 자리 수) ②

★ 곱셈을 하시오.

①
```
  3 0
×   4
```

②
```
  9 1
×   2
```

③
```
  5 3
×   3
```

④
```
  6 2
×   4
```

⑤
```
  8 1
×   5
```

⑥
```
  1 3
×   6
```

⑦
```
  4 9
×   2
```

⑧
```
  2 5
×   2
```

⑨
```
  1 6
×   5
```

⑩
```
  2 6
×   3
```

⑪
```
  8 0
×   8
```

⑫
```
  7 4
×   2
```

⑬
```
  6 1
×   3
```

⑭
```
  2 8
×   3
```

⑮
```
  1 4
×   4
```

⑯
```
  6 0
×   3
```

⑰
```
  4 1
×   8
```

⑱
```
  9 2
×   4
```

⑲
```
  1 5
×   3
```

⑳
```
  3 6
×   2
```

★ 곱셈을 하시오.

① $70 \times 2 =$

② $31 \times 6 =$

③ $62 \times 3 =$

④ $81 \times 7 =$

⑤ $24 \times 3 =$

⑥ $19 \times 5 =$

⑦ $16 \times 3 =$

⑧ $28 \times 2 =$

⑨ $50 \times 7 =$

⑩ $92 \times 3 =$

⑪ $61 \times 2 =$

⑫ $91 \times 8 =$

⑬ $17 \times 5 =$

⑭ $46 \times 2 =$

⑮ $25 \times 3 =$

⑯ $12 \times 6 =$

⑰ $40 \times 6 =$

⑱ $14 \times 7 =$

⑲ $82 \times 4 =$

⑳ $39 \times 2 =$

㉑ $51 \times 4 =$

㉒ $15 \times 6 =$

㉓ $71 \times 9 =$

㉔ $18 \times 5 =$

4일차

(두 자리 수)×(한 자리 수) ②

● 표준완성시간 : 2~3분

날짜	월	일
시간	분	초
오답 수	/ 20	

A형

★ 곱셈을 하시오.

①
```
   2 0
×    8
```

②
```
   4 2
×    4
```

③
```
   3 1
×    5
```

④
```
   9 1
×    4
```

⑤
```
   8 4
×    2
```

⑥
```
   1 9
×    2
```

⑦
```
   2 8
×    3
```

⑧
```
   1 4
×    5
```

⑨
```
   4 8
×    2
```

⑩
```
   1 2
×    8
```

⑪
```
   5 0
×    6
```

⑫
```
   2 1
×    9
```

⑬
```
   7 2
×    2
```

⑭
```
   2 5
×    2
```

⑮
```
   1 6
×    4
```

⑯
```
   9 0
×    4
```

⑰
```
   6 3
×    2
```

⑱
```
   4 1
×    6
```

⑲
```
   1 7
×    3
```

⑳
```
   3 6
×    2
```

B형

날짜	월	일
시간	분	초
오답 수	/ 24	

(두 자리 수)×(한 자리 수) ②

★ 곱셈을 하시오.

① 40×9＝

② 81×3＝

③ 93×3＝

④ 61×4＝

⑤ 12×6＝

⑥ 37×2＝

⑦ 17×5＝

⑧ 29×3＝

⑨ 30×5＝

⑩ 64×2＝

⑪ 51×6＝

⑫ 71×2＝

⑬ 27×3＝

⑭ 14×7＝

⑮ 13×4＝

⑯ 45×2＝

⑰ 80×3＝

⑱ 26×2＝

⑲ 91×7＝

⑳ 18×3＝

㉑ 41×9＝

㉒ 24×4＝

㉓ 52×3＝

㉔ 15×2＝

★ 곱셈을 하시오.

①
```
    4 1
×     7
```

⑥
```
    1 5
×     3
```

⑪
```
    7 3
×     3
```

⑯
```
    6 1
×     5
```

②
```
    5 4
×     2
```

⑦
```
    9 0
×     5
```

⑫
```
    3 5
×     2
```

⑰
```
    1 3
×     6
```

③
```
    2 7
×     2
```

⑧
```
    8 3
×     2
```

⑬
```
    9 1
×     3
```

⑱
```
    4 0
×     3
```

④
```
    1 6
×     5
```

⑨
```
    3 1
×     8
```

⑭
```
    8 0
×     2
```

⑲
```
    9 2
×     4
```

⑤
```
    3 0
×     8
```

⑩
```
    4 5
×     2
```

⑮
```
    1 7
×     4
```

⑳
```
    4 9
×     2
```

★ 곱셈을 하시오.

① $18 \times 2 =$

② $72 \times 4 =$

③ $26 \times 3 =$

④ $51 \times 8 =$

⑤ $70 \times 4 =$

⑥ $15 \times 5 =$

⑦ $81 \times 6 =$

⑧ $39 \times 2 =$

⑨ $61 \times 9 =$

⑩ $12 \times 7 =$

⑪ $20 \times 6 =$

⑫ $14 \times 3 =$

⑬ $29 \times 2 =$

⑭ $41 \times 4 =$

⑮ $47 \times 2 =$

⑯ $53 \times 2 =$

⑰ $16 \times 6 =$

⑱ $71 \times 3 =$

⑲ $38 \times 2 =$

⑳ $21 \times 7 =$

㉑ $19 \times 4 =$

㉒ $82 \times 2 =$

㉓ $50 \times 9 =$

㉔ $23 \times 4 =$

049단계 (두 자리 수)×(한 자리 수) ③

● 결과 기록지

① 1~5일차 학습에 걸린 시간을 각각 재서 그래프에 점을 찍습니다.
② 점과 점을 연결하여 기록의 변화를 확인합니다.
③ 오답 수를 세어 오답 수 칸에 씁니다.

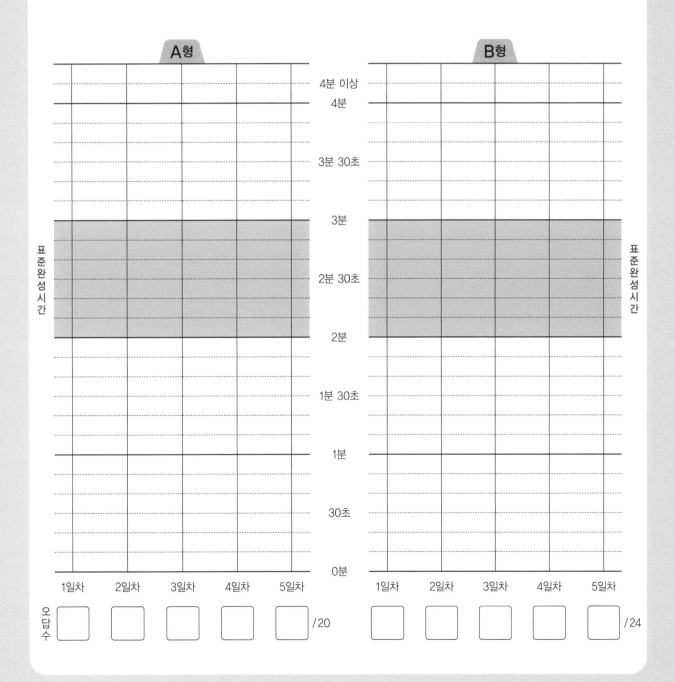

(두 자리 수)×(한 자리 수) ③

● 올림이 두 번 있는 (두 자리 수)×(한 자리 수)

일의 자리와 십의 자리에서 각각 올림이 있는 (두 자리 수)×(한 자리 수)의 계산입니다. 일의 자리에서 올림한 숫자는 십의 자리 위에 작게 써 주고, 십의 자리에서 올림한 숫자는 백의 자리에 써서 계산합니다.

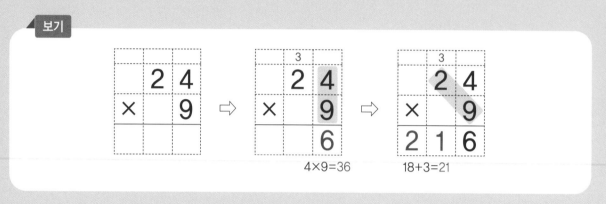

● 올림이 두 번 있는 (두 자리 수)×(한 자리 수)의 가로셈

올림이 두 번 있는 (두 자리 수)×(한 자리 수)의 가로셈은 세로셈을 생각하면 쉽게 해결할 수 있습니다.

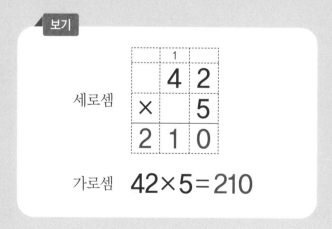

(두 자리 수)×(한 자리 수) ③

1일차

★ 곱셈을 하시오.

①
```
    5 5
  ×   2
  1 1 0
```

②
```
    6 7
  ×   2
```

③
```
    7 9
  ×   2
```

④
```
    3 6
  ×   3
```

⑤
```
    4 7
  ×   3
```

⑥
```
    9 8
  ×   3
```

⑦
```
    2 9
  ×   4
```

⑧
```
    5 4
  ×   4
```

⑨
```
    6 3
  ×   4
```

⑩
```
    3 2
  ×   5
```

⑪
```
    4 5
  ×   5
  2 2 5
```

⑫
```
    8 4
  ×   5
```

⑬
```
    1 8
  ×   6
```

⑭
```
    7 6
  ×   6
```

⑮
```
    2 3
  ×   7
```

⑯
```
    8 2
  ×   7
```

⑰
```
    3 4
  ×   8
```

⑱
```
    9 3
  ×   8
```

⑲
```
    5 2
  ×   9
```

⑳
```
    7 5
  ×   9
```

(두 자리 수)×(한 자리 수) ③

★ 곱셈을 하시오.

① 66×2=

② 75×2=

③ 87×2=

④ 38×3=

⑤ 56×3=

⑥ 64×3=

⑦ 27×4=

⑧ 49×4=

⑨ 93×4=

⑩ 28×5=

⑪ 43×5=

⑫ 72×5=

⑬ 19×6=

⑭ 57×6=

⑮ 74×6=

⑯ 39×7=

⑰ 62×7=

⑱ 83×7=

⑲ 25×8=

⑳ 44×8=

㉑ 95×8=

㉒ 36×9=

㉓ 58×9=

㉔ 73×9=

(두 자리 수)×(한 자리 수) ③

★ 곱셈을 하시오.

①
```
    5 8
  ×   2
```

②
```
    9 9
  ×   2
```

③
```
    7 8
  ×   3
```

④
```
    8 6
  ×   3
```

⑤
```
    3 9
  ×   4
```

⑥
```
    4 7
  ×   5
```

⑦
```
    2 5
  ×   6
```

⑧
```
    6 3
  ×   7
```

⑨
```
    5 2
  ×   8
```

⑩
```
    1 7
  ×   9
```

⑪
```
    8 8
  ×   2
```

⑫
```
    6 5
  ×   2
```

⑬
```
    4 6
  ×   3
```

⑭
```
    5 7
  ×   3
```

⑮
```
    9 4
  ×   4
```

⑯
```
    2 3
  ×   5
```

⑰
```
    7 9
  ×   6
```

⑱
```
    3 8
  ×   7
```

⑲
```
    1 3
  ×   8
```

⑳
```
    6 9
  ×   9
```

★ 곱셈을 하시오.

① $76 \times 2 =$

② $69 \times 3 =$

③ $55 \times 4 =$

④ $97 \times 5 =$

⑤ $34 \times 6 =$

⑥ $42 \times 7 =$

⑦ $83 \times 8 =$

⑧ $28 \times 9 =$

⑨ $68 \times 2 =$

⑩ $96 \times 3 =$

⑪ $44 \times 4 =$

⑫ $73 \times 5 =$

⑬ $59 \times 6 =$

⑭ $27 \times 7 =$

⑮ $35 \times 8 =$

⑯ $84 \times 9 =$

⑰ $89 \times 2 =$

⑱ $58 \times 3 =$

⑲ $67 \times 4 =$

⑳ $36 \times 5 =$

㉑ $45 \times 6 =$

㉒ $93 \times 7 =$

㉓ $26 \times 8 =$

㉔ $72 \times 9 =$

(두 자리 수)×(한 자리 수) ③

★ 곱셈을 하시오.

①
$$\begin{array}{r} 1\ 5 \\ \times\quad 7 \\ \hline \end{array}$$

②
$$\begin{array}{r} 2\ 2 \\ \times\quad 5 \\ \hline \end{array}$$

③
$$\begin{array}{r} 2\ 4 \\ \times\quad 8 \\ \hline \end{array}$$

④
$$\begin{array}{r} 2\ 6 \\ \times\quad 4 \\ \hline \end{array}$$

⑤
$$\begin{array}{r} 3\ 3 \\ \times\quad 6 \\ \hline \end{array}$$

⑥
$$\begin{array}{r} 3\ 5 \\ \times\quad 3 \\ \hline \end{array}$$

⑦
$$\begin{array}{r} 3\ 7 \\ \times\quad 9 \\ \hline \end{array}$$

⑧
$$\begin{array}{r} 4\ 2 \\ \times\quad 6 \\ \hline \end{array}$$

⑨
$$\begin{array}{r} 4\ 6 \\ \times\quad 5 \\ \hline \end{array}$$

⑩
$$\begin{array}{r} 4\ 8 \\ \times\quad 3 \\ \hline \end{array}$$

⑪
$$\begin{array}{r} 5\ 3 \\ \times\quad 7 \\ \hline \end{array}$$

⑫
$$\begin{array}{r} 5\ 9 \\ \times\quad 2 \\ \hline \end{array}$$

⑬
$$\begin{array}{r} 6\ 2 \\ \times\quad 9 \\ \hline \end{array}$$

⑭
$$\begin{array}{r} 6\ 8 \\ \times\quad 4 \\ \hline \end{array}$$

⑮
$$\begin{array}{r} 7\ 4 \\ \times\quad 3 \\ \hline \end{array}$$

⑯
$$\begin{array}{r} 7\ 7 \\ \times\quad 2 \\ \hline \end{array}$$

⑰
$$\begin{array}{r} 8\ 5 \\ \times\quad 4 \\ \hline \end{array}$$

⑱
$$\begin{array}{r} 8\ 9 \\ \times\quad 5 \\ \hline \end{array}$$

⑲
$$\begin{array}{r} 9\ 2 \\ \times\quad 8 \\ \hline \end{array}$$

⑳
$$\begin{array}{r} 9\ 4 \\ \times\quad 6 \\ \hline \end{array}$$

★ 곱셈을 하시오.

① $17 \times 8 =$

② $28 \times 6 =$

③ $34 \times 4 =$

④ $43 \times 9 =$

⑤ $52 \times 5 =$

⑥ $65 \times 3 =$

⑦ $73 \times 7 =$

⑧ $86 \times 2 =$

⑨ $25 \times 4 =$

⑩ $32 \times 9 =$

⑪ $49 \times 6 =$

⑫ $56 \times 2 =$

⑬ $64 \times 8 =$

⑭ $78 \times 7 =$

⑮ $87 \times 3 =$

⑯ $93 \times 5 =$

⑰ $19 \times 9 =$

⑱ $24 \times 7 =$

⑲ $37 \times 5 =$

⑳ $45 \times 4 =$

㉑ $57 \times 2 =$

㉒ $66 \times 6 =$

㉓ $75 \times 8 =$

㉔ $88 \times 3 =$

4일차

(두 자리 수)×(한 자리 수) ③

● 표준완성시간 : 2~3분

날짜	월	일
시간	분	초
오답 수	/	20

A형

★ 곱셈을 하시오.

①
```
  1 8
× 　7
```

②
```
  2 3
× 　9
```

③
```
  3 6
× 　8
```

④
```
  4 4
× 　3
```

⑤
```
  5 9
× 　4
```

⑥
```
  6 9
× 　5
```

⑦
```
  7 7
× 　4
```

⑧
```
  8 2
× 　6
```

⑨
```
  9 5
× 　2
```

⑩
```
  9 6
× 　9
```

⑪
```
  1 5
× 　9
```

⑫
```
  2 6
× 　5
```

⑬
```
  3 9
× 　3
```

⑭
```
  4 8
× 　7
```

⑮
```
  5 3
× 　4
```

⑯
```
  6 4
× 　6
```

⑰
```
  7 8
× 　2
```

⑱
```
  8 5
× 　8
```

⑲
```
  9 2
× 　5
```

⑳
```
  9 9
× 　3
```

날짜	월	일
시간	분	초
오답 수		/ 24

B형

(두 자리 수)×(한 자리 수) ③

★ 곱셈을 하시오.

① $12 \times 9 =$

② $24 \times 5 =$

③ $37 \times 6 =$

④ $46 \times 4 =$

⑤ $59 \times 3 =$

⑥ $69 \times 2 =$

⑦ $75 \times 7 =$

⑧ $88 \times 8 =$

⑨ $29 \times 6 =$

⑩ $33 \times 4 =$

⑪ $47 \times 7 =$

⑫ $56 \times 5 =$

⑬ $65 \times 9 =$

⑭ $79 \times 3 =$

⑮ $86 \times 8 =$

⑯ $98 \times 2 =$

⑰ $27 \times 5 =$

⑱ $85 \times 2 =$

⑲ $34 \times 3 =$

⑳ $67 \times 8 =$

㉑ $54 \times 7 =$

㉒ $76 \times 4 =$

㉓ $96 \times 6 =$

㉔ $49 \times 9 =$

(두 자리 수)×(한 자리 수) ③

● 표준완성시간 : 2~3분

날짜	월	일
시간	분	초
오답 수	/ 20	

A형

★ 곱셈을 하시오.

①
```
  1 7
×   6
```

②
```
  4 5
×   3
```

③
```
  9 6
×   2
```

④
```
  5 8
×   5
```

⑤
```
  2 2
×   9
```

⑥
```
  8 4
×   4
```

⑦
```
  7 7
×   5
```

⑧
```
  3 2
×   7
```

⑨
```
  4 9
×   8
```

⑩
```
  6 8
×   3
```

⑪
```
  6 2
×   5
```

⑫
```
  2 9
×   8
```

⑬
```
  8 9
×   3
```

⑭
```
  7 6
×   9
```

⑮
```
  5 4
×   6
```

⑯
```
  4 3
×   7
```

⑰
```
  9 7
×   2
```

⑱
```
  8 3
×   6
```

⑲
```
  1 4
×   8
```

⑳
```
  3 5
×   4
```

날짜	월	일
시간	분	초
오답 수		/ 24

(두 자리 수)×(한 자리 수) ③

★ 곱셈을 하시오.

① $94 \times 5 =$

② $48 \times 6 =$

③ $57 \times 8 =$

④ $76 \times 3 =$

⑤ $65 \times 7 =$

⑥ $93 \times 6 =$

⑦ $82 \times 9 =$

⑧ $36 \times 4 =$

⑨ $54 \times 3 =$

⑩ $46 \times 9 =$

⑪ $88 \times 4 =$

⑫ $92 \times 7 =$

⑬ $63 \times 5 =$

⑭ $74 \times 8 =$

⑮ $85 \times 7 =$

⑯ $23 \times 6 =$

⑰ $19 \times 7 =$

⑱ $57 \times 4 =$

⑲ $34 \times 5 =$

⑳ $98 \times 9 =$

㉑ $73 \times 4 =$

㉒ $87 \times 6 =$

㉓ $49 \times 3 =$

㉔ $66 \times 8 =$

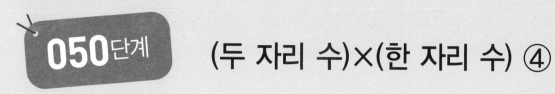

050단계 (두 자리 수)×(한 자리 수) ④

● 결과 기록지

① 1~5일차 학습에 걸린 시간을 각각 재서 그래프에 점을 찍습니다.
② 점과 점을 연결하여 기록의 변화를 확인합니다.
③ 오답 수를 세어 오답 수 칸에 씁니다.

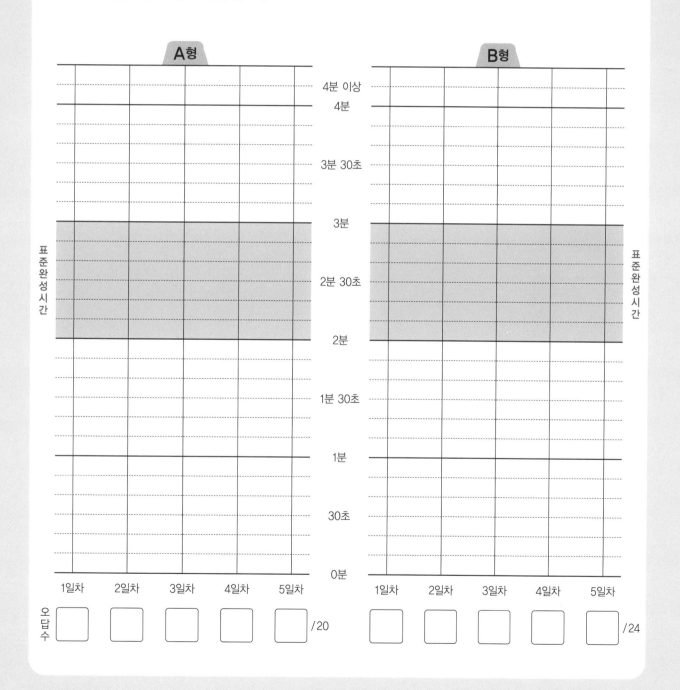

● 십의 자리에서 올림이 있는 (한 자리 수)×(두 자리 수)

십의 자리에서 올림이 있는 (한 자리 수)×(두 자리 수)의 계산은 십의 자리에서 올림이 있는
(두 자리 수)×(한 자리 수)의 계산을 생각하면 쉽게 해결할 수 있습니다.

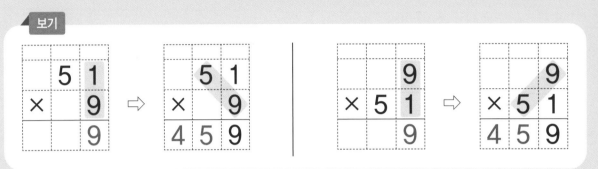

● 일의 자리에서 올림이 있는 (한 자리 수)×(두 자리 수)

일의 자리에서 올림이 있는 (한 자리 수)×(두 자리 수)의 계산은 일의 자리에서 올림이 있는
(두 자리 수)×(한 자리 수)의 계산을 생각하면 쉽게 해결할 수 있습니다.

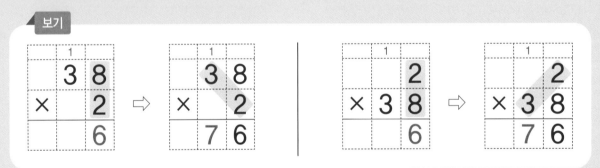

● 올림이 두 번 있는 (한 자리 수)×(두 자리 수)의 가로셈

올림이 두 번 있는 (한 자리 수)×(두 자리 수)의 가로셈은 세로셈을 생각하면 쉽게 해결할 수
있습니다.

★ 곱셈을 하시오.

①
```
    1 0
  ×   4
```

②
```
    3 1
  ×   2
```

③
```
    1 2
  ×   3
```

④
```
      2
  × 3 0
```

⑤
```
      4
  × 2 2
```

⑥
```
    5 0
  ×   2
```

⑦
```
    7 1
  ×   5
```

⑧
```
    4 2
  ×   3
```

⑨
```
      7
  × 3 0
```

⑩
```
      4
  × 6 2
```

⑪
```
    1 9
  ×   3
```

⑫
```
    1 4
  ×   4
```

⑬
```
    2 6
  ×   2
```

⑭
```
      5
  × 1 2
```

⑮
```
      2
  × 4 7
```

⑯
```
    8 2
  ×   5
```

⑰
```
    6 7
  ×   3
```

⑱
```
    5 8
  ×   4
```

⑲
```
      6
  × 3 9
```

⑳
```
      7
  × 2 5
```

● 표준완성시간 : 2~3분

날짜	월	일
시간	분	초
오답 수	/ 24	

(두 자리 수)×(한 자리 수) ④

★ 곱셈을 하시오.

① $10 \times 8 =$

② $20 \times 3 =$

③ $11 \times 5 =$

④ $33 \times 3 =$

⑤ $2 \times 40 =$

⑥ $3 \times 10 =$

⑦ $2 \times 14 =$

⑧ $3 \times 21 =$

⑨ $90 \times 3 =$

⑩ $84 \times 2 =$

⑪ $23 \times 4 =$

⑫ $13 \times 5 =$

⑬ $8 \times 70 =$

⑭ $3 \times 53 =$

⑮ $6 \times 15 =$

⑯ $2 \times 38 =$

⑰ $37 \times 3 =$

⑱ $43 \times 8 =$

⑲ $68 \times 5 =$

⑳ $99 \times 7 =$

㉑ $2 \times 56 =$

㉒ $6 \times 22 =$

㉓ $9 \times 13 =$

㉔ $4 \times 75 =$

2일차 (두 자리 수)×(한 자리 수) ④

★ 곱셈을 하시오.

①
```
  2 0
×   2
```

②
```
  5 1
×   3
```

③
```
  1 6
×   2
```

④
```
  6 4
×   4
```

⑤
```
  2 7
×   9
```

⑥
```
  4 3
×   2
```

⑦
```
  6 0
×   9
```

⑧
```
  2 7
×   3
```

⑨
```
  7 9
×   2
```

⑩
```
  3 8
×   5
```

⑪
```
    7
× 1 0
```

⑫
```
    2
× 9 3
```

⑬
```
    4
× 1 8
```

⑭
```
    3
× 5 5
```

⑮
```
    8
× 8 4
```

⑯
```
    3
× 2 3
```

⑰
```
    5
× 4 0
```

⑱
```
    2
× 3 5
```

⑲
```
    6
× 4 3
```

⑳
```
    7
× 1 6
```

★ 곱셈을 하시오.

① $10 \times 6 =$

② $71 \times 7 =$

③ $50 \times 4 =$

④ $48 \times 2 =$

⑤ $15 \times 4 =$

⑥ $69 \times 6 =$

⑦ $33 \times 8 =$

⑧ $95 \times 2 =$

⑨ $2 \times 41 =$

⑩ $6 \times 80 =$

⑪ $4 \times 32 =$

⑫ $3 \times 16 =$

⑬ $2 \times 37 =$

⑭ $5 \times 53 =$

⑮ $4 \times 28 =$

⑯ $7 \times 72 =$

⑰ $13 \times 3 =$

⑱ $90 \times 7 =$

⑲ $14 \times 6 =$

⑳ $85 \times 3 =$

㉑ $4 \times 20 =$

㉒ $2 \times 64 =$

㉓ $3 \times 29 =$

㉔ $9 \times 47 =$

3일차

(두 자리 수)×(한 자리 수) ④

• 표준완성시간 : 2~3분

날짜	월	일
시간	분	초
오답 수	/ 20	

A형

★ 곱셈을 하시오.

①
```
    1 1
  ×   8
```

②
```
    2 0
  ×   5
```

③
```
    4 6
  ×   2
```

④
```
    3 5
  ×   7
```

⑤
```
    9 4
  ×   3
```

⑥
```
    1 0
  ×   5
```

⑦
```
    5 2
  ×   3
```

⑧
```
    1 2
  ×   8
```

⑨
```
    6 7
  ×   2
```

⑩
```
    3 9
  ×   9
```

⑪
```
      4
  × 2 1
```

⑫
```
      3
  × 7 0
```

⑬
```
      2
  × 2 5
```

⑭
```
      8
  × 1 8
```

⑮
```
      5
  × 7 6
```

⑯
```
      3
  × 3 0
```

⑰
```
      2
  × 9 2
```

⑱
```
      5
  × 1 8
```

⑲
```
      4
  × 8 3
```

⑳
```
      6
  × 5 2
```

★ 곱셈을 하시오.

① $41 \times 2 =$

② $60 \times 4 =$

③ $43 \times 3 =$

④ $13 \times 7 =$

⑤ $36 \times 2 =$

⑥ $54 \times 9 =$

⑦ $75 \times 3 =$

⑧ $92 \times 6 =$

⑨ $9 \times 10 =$

⑩ $2 \times 72 =$

⑪ $6 \times 90 =$

⑫ $3 \times 28 =$

⑬ $2 \times 17 =$

⑭ $5 \times 49 =$

⑮ $7 \times 56 =$

⑯ $4 \times 37 =$

⑰ $10 \times 2 =$

⑱ $82 \times 3 =$

⑲ $24 \times 4 =$

⑳ $63 \times 8 =$

㉑ $3 \times 32 =$

㉒ $7 \times 40 =$

㉓ $5 \times 19 =$

㉔ $2 \times 88 =$

4일차

(두 자리 수)×(한 자리 수) ④

● 표준완성시간 : 2~3분

날짜	월	일
시간	분	초
오답 수	/	20

★ 곱셈을 하시오.

①
```
    2 4
×     3
```

②
```
    1 3
×     2
```

③
```
    5 6
×     9
```

④
```
    3 3
×     5
```

⑤
```
    6 1
×     7
```

⑥
```
      8
×   2 3
```

⑦
```
      4
×   1 9
```

⑧
```
      2
×   5 2
```

⑨
```
      6
×   7 8
```

⑩
```
      3
×   3 1
```

⑪
```
    9 1
×     6
```

⑫
```
    1 7
×     7
```

⑬
```
    2 2
×     2
```

⑭
```
    8 4
×     3
```

⑮
```
    1 2
×     7
```

⑯
```
      6
×   1 1
```

⑰
```
      4
×   6 5
```

⑱
```
      2
×   2 8
```

⑲
```
      3
×   7 3
```

⑳
```
      2
×   8 6
```

● 표준완성시간 : 2~3분

날짜	월	일
시간	분	초
오답 수		/ 24

(두 자리 수)×(한 자리 수) ④

★ 곱셈을 하시오.

① $15 \times 8 =$

② $42 \times 4 =$

③ $39 \times 2 =$

④ $14 \times 5 =$

⑤ $23 \times 2 =$

⑥ $96 \times 2 =$

⑦ $63 \times 3 =$

⑧ $87 \times 7 =$

⑨ $8 \times 71 =$

⑩ $2 \times 27 =$

⑪ $4 \times 12 =$

⑫ $9 \times 79 =$

⑬ $2 \times 94 =$

⑭ $4 \times 43 =$

⑮ $3 \times 15 =$

⑯ $6 \times 24 =$

⑰ $16 \times 9 =$

⑱ $4 \times 23 =$

⑲ $53 \times 2 =$

⑳ $3 \times 66 =$

㉑ $17 \times 4 =$

㉒ $4 \times 82 =$

㉓ $34 \times 2 =$

㉔ $5 \times 98 =$

(두 자리 수)×(한 자리 수) ④

★ 곱셈을 하시오.

①
```
    7 3
  ×   8
```

②
```
    2 9
  ×   2
```

③
```
    6 2
  ×   2
```

④
```
    9 5
  ×   3
```

⑤
```
    1 1
  ×   9
```

⑥
```
      5
  × 5 1
```

⑦
```
      4
  × 3 8
```

⑧
```
      2
  × 4 4
```

⑨
```
      4
  × 1 6
```

⑩
```
      9
  × 6 4
```

⑪
```
    1 7
  ×   5
```

⑫
```
    3 2
  ×   2
```

⑬
```
    4 9
  ×   7
```

⑭
```
    5 7
  ×   5
```

⑮
```
    8 1
  ×   4
```

⑯
```
      2
  × 7 5
```

⑰
```
      3
  × 9 2
```

⑱
```
      3
  × 2 5
```

⑲
```
      2
  × 2 1
```

⑳
```
      6
  × 8 6
```

★ 곱셈을 하시오.

① $68 \times 7 =$

② $52 \times 4 =$

③ $33 \times 2 =$

④ $49 \times 2 =$

⑤ $25 \times 5 =$

⑥ $83 \times 9 =$

⑦ $13 \times 4 =$

⑧ $93 \times 3 =$

⑨ $3 \times 18 =$

⑩ $2 \times 59 =$

⑪ $3 \times 72 =$

⑫ $4 \times 56 =$

⑬ $2 \times 63 =$

⑭ $3 \times 26 =$

⑮ $2 \times 24 =$

⑯ $8 \times 94 =$

⑰ $54 \times 8 =$

⑱ $3 \times 22 =$

⑲ $45 \times 2 =$

⑳ $2 \times 83 =$

㉑ $32 \times 6 =$

㉒ $3 \times 77 =$

㉓ $91 \times 9 =$

㉔ $2 \times 19 =$

종료테스트

20문항 / 표준완성시간 2~3분

실시 방법

❶ 먼저, 이름, 실시 연월일을 씁니다.

❷ 스톱워치를 켜서 시간을 정확히 재면서 문제를 풀고, 문제를 다 푸는 데 걸린 시간을 씁니다.

❸ 가능하면 표준완성시간 내에 풉니다.

❹ 다 풀고 난 후 채점을 하고, 오답 수를 기록합니다.

❺ 마지막 장에 있는 종료테스트 학습능력평가표에 V표시를 하면서 학생의 전반적인 학습 상태를 점검합니다.

이름	
실시 연월일	년 월 일
걸린 시간	분 초
오답 수	/ 20

★ 빈칸에 알맞은 수를 써넣으시오.

① $24-4-4-4-4-4-4=0 \Rightarrow 24 \div \boxed{} = \boxed{}$

② $40 \div 8 = 5 \Rightarrow 40 - \boxed{} - \boxed{} - \boxed{} - \boxed{} - \boxed{} = 0$

③ $7 \times \boxed{} = 63 \Rightarrow 63 \div 7 = \boxed{}$

④ $\boxed{} \times 2 = 10 \Rightarrow 10 \div 2 = \boxed{}$

⑤ $35 \div 5 = \boxed{}$

⑥ $48 \div 6 = \boxed{}$

⑦ $25-3-3-3-3-3-3-3-3=1 \Rightarrow 25 \div \boxed{} = \boxed{} \cdots \boxed{}$

⑧ $30 \div 9 = 3 \cdots 3 \Rightarrow 30 - \boxed{} - \boxed{} - \boxed{} = 3$

⑨ $34 \div 8 = \boxed{} \cdots \boxed{}$

⑩ $16 \div 6 = \boxed{} \cdots \boxed{}$

★ 계산을 하시오.

⑪ $33 \div 5 =$

⑫ $50 \div 7 =$

⑬ $23 \times 3 =$

⑭ $82 \times 4 =$

⑮ $47 \times 2 =$

⑯ $15 \times 5 =$

⑰ $34 \times 7 =$

⑱ $59 \times 9 =$

⑲ $2 \times 73 =$

⑳ $8 \times 62 =$

≫ 5권 종료테스트 정답

① 4, 6   ② 8, 8, 8, 8, 8   ③ 9, 9   ④ 5, 5

⑤ 7   ⑥ 8   ⑦ 3, 8, 1   ⑧ 9, 9, 9   ⑨ 4, 2

⑩ 2, 4   ⑪ 6…3   ⑫ 7…1   ⑬ 69   ⑭ 328

⑮ 94   ⑯ 75   ⑰ 238   ⑱ 531   ⑲ 146

⑳ 496

≫ 종료테스트 학습능력평가표

5권은?

학습 방법	☐ 매일매일	☐ 가끔	☐ 한꺼번에	–하였습니다.
학습 태도	☐ 스스로 잘	☐ 시켜서 억지로		–하였습니다.
학습 흥미	☐ 재미있게	☐ 싫증내며		–하였습니다.
교재 내용	☐ 적합하다고	☐ 어렵다고	☐ 쉽다고	–하였습니다.

평가 기준	평가	☐ A등급(매우 잘함)	☐ B등급(잘함)	☐ C등급(보통)	☐ D등급(부족함)
	오답 수	0~2	3~4	5~6	7~

• A, B등급 : 다음 교재를 바로 시작하세요.
• C등급 : 틀린 부분을 다시 한번 더 공부한 후, 다음 교재를 시작하세요.
• D등급 : 본 교재를 다시 복습한 후, 다음 교재를 시작하세요.